安徽省天然矿泉水资源勘查与研究

主　编　杨章贤　王龙平

副主编　何　清　汪定圣　魏永霞　陈　炎

参　编　辛翌龙　董迎春　柯昱琪　朱学群
　　　　董　琼　朱泽军　林桂香　刘　毅
　　　　王亚楠　李　瑞　赵晓玲　韩久虎

中国科学技术大学出版社

U0216238

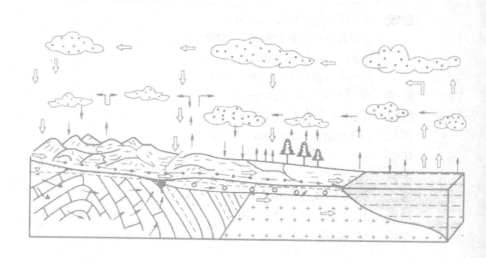

内 容 简 介

　　本书系统阐述了地下水的基本知识、地下水与人体健康的关系,结合安徽省自然地理及区域地质条件,分析了安徽省天然矿泉水资源的类型与分布特征;根据天然矿泉水资源所含特征化学组分,将安徽省分为 8 个天然矿泉水资源赋存分布区;同时,通过对地层岩性、地质构造、岩石地球化学、补径排条件和水岩作用等因素的分析,研究了安徽省天然矿泉水资源形成条件、成因类型与典型矿泉水资源特征组分的成因机制;总结分析了安徽省天然矿泉水资源勘查评价、评审鉴定、卫生保护、开发利用现状及存在的问题,科学评价了安徽省矿泉水资源开发利用潜力。

　　本书可以作为面向大众读者的科普读物,也可供从事天然矿泉水资源勘查、评价、开发利用、保护及管理等各个领域的广大科技工作者、工程技术人员以及行政管理人员参考使用。

图书在版编目(CIP)数据

安徽省天然矿泉水资源勘查与研究/杨章贤,王龙平主编.—合肥:中国科学技术大学出版社,2023.6

ISBN 978-7-312-05723-6

Ⅰ.安…　Ⅱ.①杨…　②王…　Ⅲ.天然矿泉水—水文地质勘探—研究—安徽　Ⅳ.P641.5

中国国家版本馆 CIP 数据核字(2023)第 113305 号

安徽省天然矿泉水资源勘查与研究

ANHUI SHENG TIANRAN KUANGQUANSHUI ZIYUAN KANCHA YU YANJIU

出版	中国科学技术大学出版社
	安徽省合肥市金寨路 96 号,230026
	http://press.ustc.edu.cn
	https://zgkxjsdxcbs.tmall.com
印刷	合肥华苑印刷包装有限公司
发行	中国科学技术大学出版社
开本	710 mm×1000 mm　1/16
印张	16
字数	276 千
版次	2023 年 6 月第 1 版
印次	2023 年 6 月第 1 次印刷
定价	80.00 元

前　言

习近平总书记在二十大报告中提出要"增进民生福祉,提高人民生活品质"。民以食为天,食以水为先,水是生命之源。世界卫生组织(WHO)提出健康饮用水需要满足不含有害物质、矿物质适量、硬度适中、弱碱性 pH 的要求。天然矿泉水完全符合上述健康饮用水条件,既能满足人体基本的生理功能,又能全面保证人们健康地饮水,还能带给人们感官上的愉悦。因此,开展天然矿泉水资源勘查与研究是关系广大人民群众健康饮水与生命健康的重大民生问题。

天然矿泉水是在特定地质条件下形成的一种宝贵的液态矿产资源,是自然资源的重要组成部分,以水中所含适宜医疗或饮用的气体成分、微量元素和其他盐类组分而区别于普通地下水资源。本书所指的天然矿泉水特指饮用天然矿泉水,是从地下深处自然涌出的或经钻井采集的,含有一定量的矿物质、微量元素或其他成分,在一定区域未受污染并采取预防措施避免污染的水。在通常情况下,其化学成分、流量和水温等动态指标在天然周期波动范围内相对稳定。

安徽省天然矿泉水资源丰富,在全省 16 个地级市(74 个县区)均有分布,现已勘查评价的天然矿泉水水源地有 140 处,涉及天然矿泉水井(泉)点 150 点,天然矿泉水允许开采量达 66 808.1 m³/d,天然矿泉水类型以锶型、偏硅酸型、锶偏硅酸型为主,占全省矿泉水井(泉)点总数的 76.67%,此外还有碘型、锶碘型、锶锌型、碳酸等其他单一型或复合型天然矿泉水。目前,全省在开发利用的矿泉水点有 34 点(获得天然矿泉水采矿权进行开发利用的企业共 9 家),合计日开发利用量为 4 865.39 m³/d,占矿泉水允许开采量的 7.28%,开发利用程度低,开发利用潜力巨大。进一步加强天然矿泉水资源的开发利用,对发挥安徽省资源优势,促进全省社会经济高质量发展可起到积极的作用。

本书为安徽省公益性地质项目——"安徽省天然矿泉水资源调查评价"(承

担单位:安徽省地质环境监测总站)的重要成果。

全书由杨章贤等编著,其中前言、第二章、第四章、第五章、第六章由杨章贤编写,第三章、第七章、附录由何清、王龙平、汪定胜编写,第一章、第八章由魏永霞、陈炎编写,辛翌龙、董迎春、柯昱琪、朱学群、董琼、朱泽军、林桂香、刘毅、王亚楠、李瑞、赵晓玲、韩久虎等参加了野外调查、资料收集和部分编纂工作。

借此图书出版之际,向对本书编纂予以支持的领导、专家及同仁表示感谢!向编著本书时,学习、参考、引用的成果、书籍和论文的各位作者表示感谢!

由于作者水平有限,书中难免有不足或错漏之处,敬请读者批评指正。

作 者

2023 年 3 月

目　录

第一章 地下水的基本知识

第一节 自然界中的水循环

一、水循环的概念

地球上的水从来不是静止不动的,而是通过不断地运动、相变在空间中进行转化和迁移。水循环又称水分循环,是指自然界中各种形态的水,在太阳辐射、地球引力等影响因素的作用下,通过水的蒸发—水汽输送—凝结降落—下渗—径流等环节,不断发生的周而复始的运动过程。通过这样一个重要的自然过程,将地球上的各种水体组合成连续统一的水圈,在循环过程中将水圈、岩石圈、大气圈和生物圈紧密地联系在一起,形成相互联系、相互制约的统一体。水的循环可分为大循环和小循环两种:水的大循环,又称外循环,是从海洋蒸发的水分凝结降落到陆地,再通过径流形式返回到海洋;水的小循环,又称内循环,是从海洋(或陆地)蒸发的水分再降落到海洋(或陆地)(图1.1)。

二、水循环的过程

水循环是多环节的自然过程,全球性的水循环涉及蒸发、大气水分输送、地表水和地下水循环,降水、蒸发和径流是水循环过程的三个最主要环节,这三者构成的水循环途径决定了全球的水量平衡,也决定了一个地区的水资源总量。蒸发是水循环中最重要的环节之一,由蒸发产生的水汽进入大气并随大气活动而运动。大气中的水汽主要来自海洋,一部分还来自大陆表面的蒸发。大气层中水汽的循环是蒸发—凝结—降水—蒸发的周而复始的过程。海洋上空的水汽可被输送到陆地上空凝结降水,称为外来水汽降水;大陆上空的水汽直接凝结降水,称为内部水汽降水。一地总降水量与外来水汽降水量的比值称为该地的水分循环系数。全球大气水分交换的周期为 10 d,在水循环中水汽输送是最活跃的环节之一。径流是一个地区(流域)的降水量与蒸发量的差值,多年平均的大洋水量平衡方程为:蒸发量 = 降水量 − 径流量;多年平均的陆地水量平衡方程为:降水量 = 径流量 + 蒸发量。但是,无论是海洋,还是陆地,降水量和蒸发量的地理分布都是不均匀的,这种差异最明显的就是不同纬度的差异。

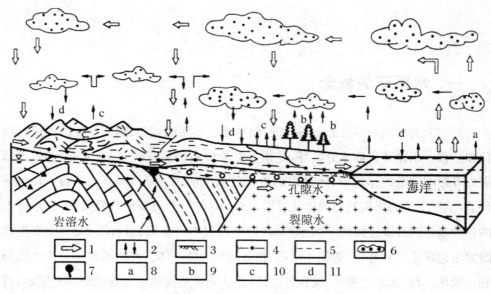

图 1.1 自然界中水的循环示意图

1. 大循环各环节;2. 小循环各环节;3. 地面线;4. 地表径线;5. 地下水位;
6. 云层;7. 泉;8. 水面蒸发;9. 蒸腾;10. 陆面蒸发;11. 降水

我国的大气水分循环有太平洋、印度洋、南海、鄂霍茨克海及内陆等 5 个系统,它们是中国东南、西南、华南、东北及西北内陆的水汽来源。西北内陆地区还有盛行西风和气旋东移而来的少量大西洋水汽,陆地上(或一个流域内)发生的水循环是降水—地表和地下径流—蒸发的复杂过程。陆地上的大气降水、地表径流及地下径流之间的交换又称三水转化,流域径流是陆地水循环中最重要的现象之一。

地下水的运动主要与分子力、热力、重力及空隙性质有关,其运动是多维的。通过土壤和植被的蒸发、蒸腾向上运动成为大气水分,通过入渗向下运动可补给地下水,通过水平方向运动又可成为河湖水的一部分。地下水储量虽然很大,却是经过长年累月甚至上千年蓄积而成的,水量交换周期很长,循环极其缓慢。

三、水循环的周期

水循环周期是研究水资源的一个重要参数,如果某一水体的循环周期短、更新速度快,那么水资源的利用率就高。水循环系统是多环节的庞大动态系统,自然界中的水是通过多种路径实现其循环和相变的,其范围可由地表向上伸展至大气对流层以上,地表向下可及的深度平均约为 1 000 m,其时间可以是长时段的平均,也可以是短时段的状况。相应地,研究水循环时,研究的区域可大至全球、某一流域,也可小至某一地域内的土壤或地下含水层内的水循环,时间也可长可短。

由于地球上的水是一种随时间变化的动态资源,全球水体会受到体积、运动速度和交换程度的影响,所以全部更新或交换一次的周期大不相同。例如,生物体内的水,更新周期只需数小时;而极地冰盖、永久积雪和永久冻土中的水,更新周期长达万年;大气水与河流水,更新周期分别为 8 d 和 16 d;地下水则根据浅、深循环的不同,更新周期短至百年内,长至成千上万年或更长时间。

四、水循环的意义

水是一切生命机体的组成物质,是生命代谢活动必需的物质,又是人类进行生产活动的重要资源。地球上的水分布在海洋、湖泊、沼泽、河流、冰川、雪山,以及大气、生物体、土壤和地层中。水的总量约为 14 亿 km³,其中 96.5%在海洋中,约覆盖地球总面积的 70%;陆地上、大气和生物体中的水只占很少的一部分。水循环是地球上最重要的物质循环之一,它实现了地球系统水量、能量和地球生物化学物质的迁移和转换,构成了全球性的连续有序的动态大系统。水循环联系着海陆两大系统,塑造着地表形态,制约着地球生态环境的平衡和协调,不断提供再生的淡水资源。因此,水循环对于地球表层结构的演变、保障物质与能量的传输、维持全球水的动态更新与平衡、人类可持续发展都具有重大意义。

第二节 岩石中的空隙和水分

一、岩石中的空隙

地壳表层十余千米范围内,都或多或少存在着空隙,特别是深部一两千米以内,空隙分布较为普遍,这就为地下水的赋存提供了必要的空间条件。按维尔纳茨基的形象说法,"地壳表层就好像是饱含着水的海绵"。

岩石空隙是地下水的储存场所和运动通道。空隙的多少、大小、形状、连通情况和分布规律,对地下水的分布和运动具有重要影响。

将岩石空隙作为地下水的储存场所和运动通道研究时,可分为三类,即松散岩类中的孔隙、坚硬岩石中的裂隙和可溶岩石中的溶穴。

(一) 孔隙

松散岩石是由大小不等的颗粒组成的。颗粒或颗粒集合体之间的空隙,称为孔隙(图1.2)。

岩石中孔隙体积的大小是影响其地下水储容能力的重要因素。孔隙体积的大小可用孔隙度表示。孔隙度是指某一体积岩石(包括孔隙在内)中孔隙体积所占的比例。

若以 n 表示岩石的孔隙度,V 表示包括孔隙在内的岩石体积,V_n 表示岩石中孔隙的体积,则

$$n = \frac{V_n}{V} \quad \text{或} \quad n = \frac{V_n}{V} \times 100\%$$

孔隙度是一个比值,可用小数或百分数表示。孔隙度的大小主要取决于分选程度及颗粒排列情况,另外颗粒形状及胶结充填情况也影响孔隙度。对于黏性土,结构及次生孔隙一般是影响孔隙度的重要因素。

为了说明颗粒排列方式对孔隙度的影响,我们不妨设想一种理想的情况,即构成松散岩石的颗粒均为等粒圆球,当其为立方体排列时(图1.3(a)),可算得孔隙

度为 47.64%;当其为四面体排列时(图 1.3(b)),孔隙度仅为 25.95%。由几何学可知,立方体排列为最松散的排列,四面体排列为最紧密的排列,自然界中松散岩石的孔隙度大多介于两者之间。

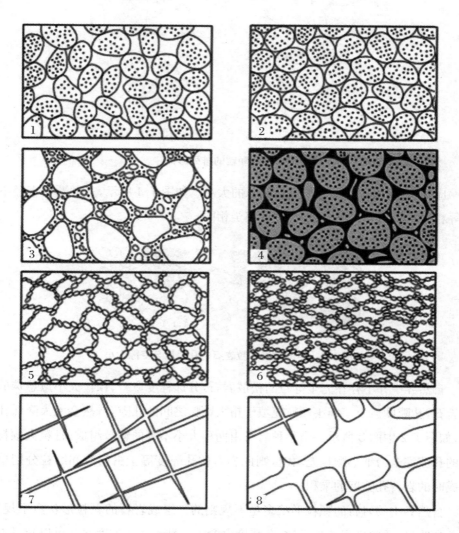

图 1.2 岩石中的各种空隙

1. 分选良好、排序疏松的砂;2. 分选良好、排列紧密的砂;3. 分选不良的,含泥、砂的砾石;4. 经过部分胶结的砂岩;5. 具有结构性孔隙的黏土;6. 经过压缩的黏土;7. 具有裂隙的基岩;8. 具有溶隙及溶穴的可溶岩

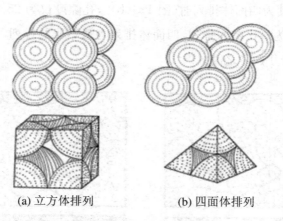

(a) 立方体排列　　　　　(b) 四面体排列

图1.3　颗粒的排列形式

应当注意,上述讨论并未涉及圆球的大小。如图1.4所示,三种颗粒直径不同的等粒岩石排列方式相同时,孔隙度完全相同。

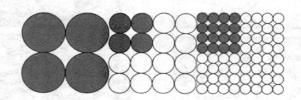

图1.4　不同粒度等粒岩石的孔隙度与空隙大小

自然界中并不存在完全等粒的松散岩石,分选程度愈差、颗粒大小愈悬殊的松散岩石,孔隙度愈小。细小颗粒充填于粗大颗粒之间的孔隙,自然会大大降低孔隙度,如图1.2中的3所示。当某种岩石由两种大小不等的颗粒组成,且粗大颗粒之间的孔隙完全为细小颗粒充填时,则此岩石的孔隙度等于由粗粒和细粒分别单独组成时的岩石孔隙度的乘积。

自然界中的岩石的颗粒形状多是不规则的。组成岩石的颗粒形状愈不规则,棱角愈明显,通常排列就愈松散,孔隙度也愈大。黏土的孔隙度往往可以超过上述理论中的最大孔隙度值。这是因为黏土颗粒表面常带有电荷,会在沉积过程中聚合,构成颗粒集合体,形成直径比颗粒还大的结构孔隙,如图1.2中的5和6所示。此外,黏性土中往往还发育有虫孔、根孔、干裂缝等次生空隙。自然界中主要松散岩石孔隙度的参考数值见表1.1。

表 1.1　自然界中主要松散岩石孔隙度的参考数值

岩石名称	砾石	砂	粉砂	黏土
孔隙度变化区间	25%～40%	25%～50%	35%～50%	40%～70%

孔隙大小对地下水运动的影响很大。孔隙通道最细小的部分称作孔喉,最宽大的部分称作孔腹(图 1.5)。孔喉对水流动的影响更大,讨论孔隙大小时可以用孔喉直径进行比较。孔隙大小取决于颗粒大小(图 1.4)。对于颗粒大小悬殊的松散岩石,由于粗大颗粒形成的孔隙被细小颗粒充填,所以孔隙大小取决于实际构成孔隙的细小颗粒的直径。颗粒排列方式也影响孔隙大小。仍以理想等粒圆球状颗粒为例,设颗粒直径为 D,孔喉直径为 d,则作立方体排列时,$d = 0.414D$(图 1.5和图 1.6(a));作四面体排列时,$d = 0.155D$(图 1.6(b))。

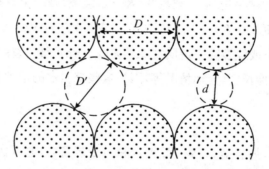

图 1.5　孔喉(d)与孔腹(D')通过空隙通道中心切面图

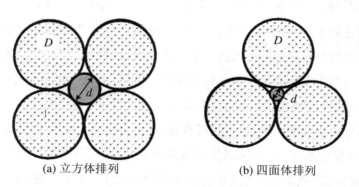

(a) 立方体排列　　　　　　　　　(b) 四面体排列

图 1.6　排列方式与空隙大小的关系

显然,对于黏性土,决定孔隙大小的不仅是颗粒大小及排列,结构孔隙及次生空隙的影响是不可忽视的。

（二）裂隙

固结的坚硬岩石包括沉积岩、岩浆岩和变质岩，一般不存在或只保留一部分颗粒之间的孔隙，而主要发育成各种应力作用下岩石破裂变形产生的裂隙。按裂隙的成因，可分为成岩裂隙、构造裂隙和风化裂隙。

成岩裂隙是岩石形成过程中，由于冷凝收缩（岩浆岩）或固结干缩（沉积岩）而产生的。成岩裂隙在岩浆岩中较为发育，尤以玄武岩中的柱状节理最有意义。构造裂隙是岩石在构造变动过程中受力产生的，具有方向性，大小悬殊（由隐蔽的节理到大断层）、分布不均。风化裂隙是在物理和化学等因素的作用下，岩石遭受破坏而产生的裂隙，主要分布于地表附近。

裂隙的多少以裂隙率表示。裂隙率（K_r）是裂隙体积（V_r）与包括裂隙在内的岩石体积（V）的比值，即 $K_r = V_r/V$ 或 $K_r = V_r/V \times 100\%$。除了这种体积裂隙率，还可用面裂隙率或线裂隙率说明裂隙的多少。野外研究裂隙时，应注意测定裂隙的方向、宽度、延伸长度、充填情况等，因为这些都对水的运动具有重要影响。

（三）溶穴

可溶的沉积岩，如岩盐、石膏、石灰岩和白云岩等，在地下水溶蚀下会产生空洞，这种空隙称为溶穴（隙）。溶穴的体积（V_k）与包括溶穴在内的岩石体积（V）的比值为岩溶率（K_k），即 $K_k = V_k/V$ 或 $K_k = V_k/V \times 100\%$。溶穴的规模悬殊，大的溶洞可宽达数十米，高数十乃至百余米，长达几至几十千米；而小的溶孔直径仅有几毫米。岩溶发育带岩溶率可达百分之几十，而其附近岩石的岩溶率几乎为零。

自然界岩石中空隙的发育状况较为复杂。例如，松散岩石固然以孔隙为主，但某些黏土干缩后可产生裂隙，而这些裂隙的水文地质意义甚至远远超过其原有的孔隙。固结程度不高的沉积岩，往往既有孔隙，又有裂隙。可溶岩石由于溶蚀不均一，有的部分发育溶穴，而有的部分则为裂隙，有时还可保留原生的孔隙与裂缝。因此，在研究岩石空隙时，必须注意观察，收集实际资料，在事实的基础上分析空隙的形成原因及控制因素，查明其发育规律。

岩石中的空隙，必须以一定方式连接起来构成空隙网络，才能成为地下水有效的储容空间和运移通道。松散岩石、坚硬基岩和可溶岩石中的空隙网络具有不同的特点。

松散岩石中的孔隙分布于颗粒之间，连通良好，分布均匀，在不同方向上，孔隙通道的大小和多少都很接近，赋存于其中的地下水分布与流动都比较均匀。

坚硬基岩的裂隙是宽窄不等、长度有限的线状缝隙，往往具有一定的方向性。只有当不同方向的裂隙相互穿切连通时，才在某一范围内构成彼此连通的裂隙网络。裂隙的连通性远较孔隙差。因此，赋存于裂隙基岩中的地下水相互联系较差，分布与流动往往是不均匀的。

可溶岩石的溶穴是由一部分原有裂隙与原生孔缝溶蚀扩大而成的，空隙大小悬殊且分布极不均匀。因此，赋存于可溶岩石中的地下水分布与流动通常极不均匀。

赋存于不同岩层中的地下水，由于其含水介质特征不同，具有不同的分布与运动特点。因此，按岩层的空隙类型，分为三种类型地下水，即孔隙水、裂隙水和岩溶水。

二、岩石中水的存在形式

地壳岩石中，水文地质学重点研究的对象是岩石空隙中的水，具体分类如图1.7所示。

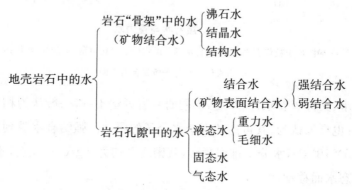

图 1.7　地壳岩石中水的分类图

（一）结合水

松散岩石的颗粒表面及坚硬岩石空隙壁面均带有电荷，水分子又是偶极体，由于静电吸引，所以固相表面具有吸附水分子的能力（图1.8）。根据库仑定律，电场强度与距离的平方成反比。因此，离固相表面很近的水分子受到的静电引力很大；

随着距离增大,吸引力减弱,而水分子受自身重力的影响就愈显著。受固相表面的引力大于水分子自身所受重力的那部分水,称为结合水。此部分水束缚于固相表面,不能在自身重力影响下运动。

　　由于固相表面对水分子的吸引力自内向外逐渐减弱,结合水的物理性质也随之发生变化,因此,将最接近固相表面的结合水称为强结合水,其外层称为弱结合水(图1.8)。

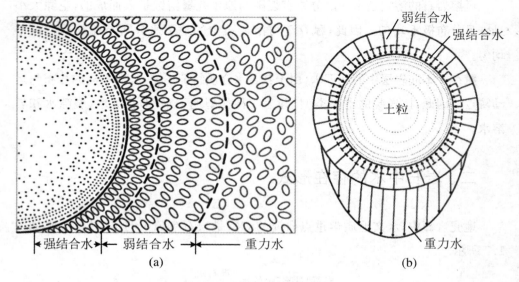

图1.8　结合水与重力水

(a) 椭圆形小粒代表水分子,结合水部分的水分子带正电荷一端朝向颗粒;

(b) 箭头代表水分子所受合力方向

　　强结合水(又称吸着水)的厚度,不同研究者说法不一,一般认为相当于几个水分子的厚度;也有人认为,其可达几百个水分子的厚度。强结合水受到的引力可相当于 $101\,325 \times 10^4$ Pa,水分子排列紧密,其密度平均为 2 g/cm³ 左右,不能流动,但可转化为气态水而移动。

　　弱结合水(又称薄膜水)处于强结合水的外层,受到固相表面的引力比强结合水弱,但仍存在范德华尔斯(Van der Waals)引力和强结合水最外层水分子的静电引力的合力的影响,不同学者认为其厚度为几十、几百或几千个水分子厚度。水分子排列不如强结合水规则和紧密,溶解盐类的能力较低。弱结合水的外层能被植物吸收、利用。

　　结合水区别于普通液态水的最大特征是具有抗剪强度,即必须施以一定的力,方能使其发生变形。结合水的抗剪强度由内层向外层减弱。当施加的外力超过其抗剪强度时,外层结合水发生流动,施加的外力愈大,发生流动的水层厚度也加大。

(二)重力水

距离固体表面更远的那部分水分子,重力对它的影响大于固体表面对它的吸引力,能在自身重力影响下运动,这部分水就是重力水。

重力水中靠近固体表面的那一部分仍然受到固体引力的影响,水分子的排列较为整齐。这部分水在流动时呈层流状态,而不做紊流运动。远离固体表面的重力水,不受固体引力的影响,只受重力控制,这部分水在流速较大时容易转为紊流运动。

岩土空隙中的重力水能够自由流动。井、泉取用的地下水,都属重力水,是水文地质研究的主要对象。

(三)毛细水

将一根玻璃毛细管插入水中,毛细管内的水面即会上升到一定高度,这便是发生在固、液、气三相界面上的毛细现象。松散岩石中细小的孔隙通道构成毛细管,因此在地下水面以上的包气带中广泛存在毛细水。由于毛细力的作用,水从地下水面沿着小孔隙上升到一定高度,形成一个毛细水带,此带中的毛细水下部有地下水面支持,因此称为支持毛细水(图1.9)。

砾石层中孔隙直径已经超过了毛细管的程度,故不存在支持毛细水。细粒层次与粗粒层次交互成层时,在一定条件下,由于上下弯液面毛细力的作用,在细土层中会保留与地下水面不相连接的毛细水,这种毛细水称为悬挂毛细水(图1.9)。

在包气带中颗粒接触点上还可以悬留孔角毛细水(触点毛细水),即使是粗大的卵砾石,颗粒接触处孔隙大小也总可以达到毛细管的程度而形成弯液面,将水滞留在孔角上(图1.10)。

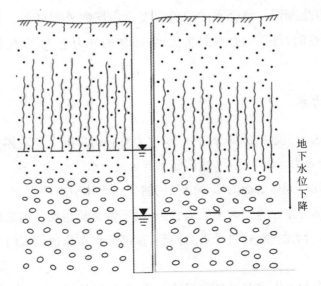

图 1.9　支持毛细水与悬挂毛细水

井左侧表示高水位时砂层中的支持毛细水；

井右侧表示水位降低后砂层中的悬挂毛细水

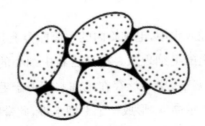

图 1.10　孔角毛细水

（四）气态水、固态水及矿物中的水

在未饱和水的空隙中存在着气态水。气态水可以随空气流动而流动。另外，即使空气不流动，它也能从水汽压力（绝对湿度）大的地方向小的地方迁移。气态水在一定温度、压力条件下，与液态水相互转化，两者之间保持动平衡。

岩石的温度低于 0 ℃时，空隙中的液态水转为固态水。我国北方冬季常形成冻土；东北及青藏高原，有一部分岩石其中赋有的地下水多年中保持固态，这就是所谓多年冻土。

除了存在于岩石空隙中的水，还有存在于矿物结晶内部及其间的水，这就是沸石水、结晶水及结构水。如方沸石（$Na_2A_{12}Si_4O_{12} \cdot H_2O$）中就含有沸石水，这种水在加热时可以从矿物中分离出去。

三、与水的储容及运移有关的岩石性质

岩石空隙大小、多少、连通程度及其分布的均匀程度,都对其储容、滞留、释出以及透过水的能力有影响。

(一)容水度

容水度是指岩石完全饱水时所能容纳的最大的水体积与岩石总体积的比值,可用小数或百分数表示。一般来说,容水度在数值上与孔隙度(裂隙率、岩溶率)相当。但是对于具有膨胀性的黏土,充水后体积扩大,容水度可大于孔隙度。

(二)含水量

含水量说明松散岩石实际保留水分的状况。松散岩石孔隙中所含水的重量(G_w)与干燥岩石重量(G_s)的比值,称为重量含水量(W_g),即

$$W_g = G_w/G_s \times 100\%$$

含水的体积(V_w)与包括孔隙在内的岩石体积(V)的比值,称为体积含水量(W_v),即

$$W_v = V_w/V \times 100\%$$

当水的比重为1,岩石的干容重(单位体积干土的重量)为r_a时,重量含水量与体积含水量的关系为

$$W_v = W_g \times r_a$$

孔隙充分饱水时的含水量称作饱和含水量(W_s),饱和含水量与实际含水量之间的差值称为饱和差,实际含水量与饱和含水量之比称为饱和度。

(三)给水度

若使地下水面下降,则下降范围内饱水岩石及相应的支持毛细水带中的水,将因重力作用而下移并部分地从原先赋存的空隙中释出。我们把地下水位下降一个单位深度,从地下水位延伸到地表面的单位水平面积岩石柱体,在重力作用下释出的水的体积,称为给水度 μ。给水度以小数或百分数表示。例如,地下水位

下降 2 m，1 m² 水平面积岩石柱体在重力作用下释出的水的体积为 0.2 m³（相当于水柱高度为 0.2 m，则给水度为 10%）。

对于均质的松散岩石，给水度的大小与岩性、初始地下水位埋藏深度以及地下水位下降速率等因素有关。

岩性对给水度的影响主要表现为空隙的大小与多少，颗粒粗大的松散岩石、裂隙比较宽大的坚硬岩石以及具有溶穴的可溶岩，空隙宽大，重力释水时，滞留于岩石空隙中的结合水与孔角毛细水较少，理想条件下给水度的值接近孔隙度、裂隙率与岩溶率。若空隙细小（如黏性土），重力释水时大部分水以结合水与悬挂毛细水形式滞留于空隙中，给水度往往很小。

当初始地下水位埋藏深度小于最大毛细上升高度时，地下水位下降后，重力水的一部分将转化为支持毛细水而保留于地下水水面之上，从而使给水度偏小。观测与实验表明，当地下水位下降速率大时，给水度偏小，此点对于细粒松散岩石尤为明显。可能的原因是：重力释水并非瞬时完成，而往往滞后于水位下降；此外，迅速释水时大小孔道释水不同步，大的孔道优先释水，而重力水在小孔道中形成悬挂毛细水不能释出。

对于均质颗粒较细小的松散岩石，只有当其初始水位埋藏深度足够大、水位下降速率十分缓慢时，释水才比较充分，给水度才能达到其理论最大值。均质松散岩石给水度值见表 1.2。

表 1.2　常见松散岩石的给水度

岩石名称	给水度		
	最大	最小	平均
黏土	5%	0%	2%
亚黏土	12%	3%	7%
粉砂	19%	3%	18%
细砂	28%	10%	21%
中砂	32%	15%	26%
粗砂	35%	20%	27%
砾砂	35%	20%	25%
细砾	35%	21%	25%
中砾	26%	13%	23%
粗砾	26%	12%	22%

粗细颗粒层次相间分布的层状松散岩石,在地下水位下降时,细粒夹层中的水会以悬挂毛细水形式滞留而不释出,这种情况下,给水度就更偏小了。

(四) 持水度

如前所述,地下水位下降时,一部分水由于毛细力(以及分子力)的作用而仍旧反抗重力保持于空隙中。地下水位下降一个单位深度,单位水平面积岩石柱体中反抗重力而保持于岩石空隙中的水量,称作持水度(S_r)。给水度、持水度与孔隙度的关系如下:

$$u + S_r = n$$

显然,所有影响给水度的因素也是影响持水度的因素。

包气带充分重力释水而又未受到蒸发、蒸腾消耗时的含水量称作残留含水量(W_o),数值上相当于最大的持水度。

(五) 透水性

岩石的透水性是指岩石允许水透过的能力,表征岩石透水性的定量指标是渗透系数,在此仅讨论影响岩石透水性的因素。

我们以松散岩石为例,分析一个理想孔隙通道中水的运动情况。图 1.11 表示圆管状孔隙通道的纵断面,孔隙的边缘上分布着在寻常条件下不运动的结合水,其余部分是重力水。由于附着于隙壁的结合水层对于重力水以及重力水质点之间存在着摩擦阻力,最近边缘的重力水流速趋于零,中心部分流速最大。由此可得出:孔隙直径愈小,结合水占据的无效空间愈大,实际渗流断面就愈小;同时,孔隙直径愈小,可能达到的最大流速愈小。因此孔隙直径愈小,透水性就愈差。当孔隙直径小于两倍结合水层厚度时,在一般条件下就不透水。

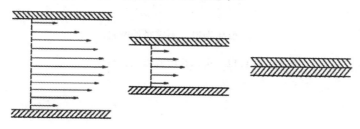

图 1.11　理想圆管状空隙中重力水流速分布

阴影部分代表结合水;箭头长度代表重力水质点实际流速

如果我们把松散岩石中的全部孔隙通道概化为一束相互平行的等径圆管,则不难推知:当孔隙度一定而孔隙直径愈大,则圆管通道的数量愈少,但有效渗流断面愈大,透水能力就愈强;反之,孔隙直径愈小,透水能力就愈弱。由此可见,决定透水性好坏的主要因素是孔隙大小;只有在孔隙直径大到一定程度后,孔隙度才对岩石的透水性起作用,孔隙度愈大,透水性愈好。

然而,实际的孔隙通道并不是直径均一的圆管,而是直径变化、断面形状复杂的管道系统(图 1.12(a))。岩石的透水能力并不取决于平均孔隙直径(图 1.12(b)),而在很大程度上取决于最小的孔隙直径(图 1.12(c))。

此外,实际的孔隙通道也不是直线的,而是曲折的(图 1.12(a))。孔隙通道愈弯曲,水质点实际流程就愈长,克服摩擦阻力所消耗的能量就愈大。

颗粒分选性除了影响孔隙大小外,还决定着孔隙通道沿程直径的变化和曲折性(图 1.12(a))。因此,分选程度对于松散岩石透水性的影响,往往要超过孔隙度。

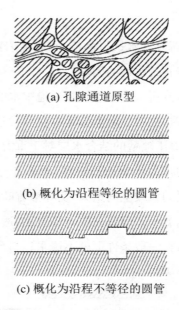

(a) 孔隙通道原型

(b) 概化为沿程等径的圆管

(c) 概化为沿程不等径的圆管

图 1.12　实际孔隙通道及其概化

第三节　地下水的赋存

一、包气带与饱水带

地表以下一定深度,岩石中的空隙被重力水所充满,形成地下水面。地下水面以上称为包气带,地下水面以下称为饱水带(图1.13)。

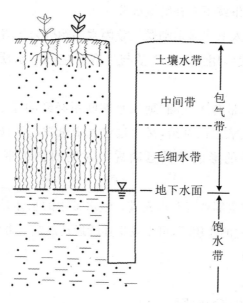

图1.13　包气带与饱水带

在包气带中,空隙壁面吸附有结合水,细小空隙中含有毛细水,未被液态水占据的空隙中包含空气及气态水,空隙中的水超过吸附力和毛细力所能支持的量时,便以过路重力水的形式向下运动。上述以各种形式存在于包气带中的水统称为包气带水。

包气带自上而下可分为土壤水带、中间带和毛细水带(图1.13)。包气带顶部植物根系发育与微生物活动的带为土壤层,其中含有土壤水。土壤富含有机质,具有团粒结构,能以毛细水形式大量保持水分。包气带底部由地下水面支持的毛细水构成毛细水带,毛细水带的高度与岩性有关,毛细水带的下部也是饱水的,但因受毛细负压的作用,压强小于大气压强,故毛细饱水带的水不能进入井中。当包气带厚度较大时,在土壤水带与毛细水带之间还存在中间带。若中间带由粗细不同的岩性构成,在细粒层中可含有成层的悬挂毛细水。细粒层之上局部还可滞留重力水。

包气带水来源于大气降水的入渗、地表水体的渗漏、由地下水面通过毛细上升输送的水以及地下水蒸发形成的气态水。包气带水的赋存与运移受毛细力与重力的共同影响。重力使水分下移,毛细力则将水分输向空隙细小与含水量较低的部位,在蒸发影响下,毛细力常常将水分由包气带下部输向上部。在雨季,包气带水以下渗为主;雨后,浅表的包气带水以蒸发与植物蒸腾形式向大气圈排泄,一定深度以下的包气带水则继续下渗补给饱水带。

包气带的含水量及其水盐运动受气象因素影响极为显著。另外,天然以及人工植被也对其起很大作用。人类生活与生产对包气带水质的影响已经愈来愈强烈。

包气带又是饱水带与大气圈、地表水圈联系必经的通道。饱水带通过包气带获得大气降水和地表水的补给,又通过包气带蒸发与蒸腾排泄到大气圈。因此,研究包气带水盐的形成及其运动规律对阐明饱水带水的形成具有重要意义。

饱水带岩石空隙全部被液态水充满。饱水带中的水体是连续分布的,能够传递静水压力,在水头差的作用下,可以发生连续运动。饱水带中的重力水是开发利用或排泄的主要对象。

二、含水层与隔水层

人们把能够透过并给出一定水量的岩层叫含水层,把不能透过和给出一定水量的岩层叫隔水层。含水层的富水性有强弱之分。含水丰富的含水层,称为强含水层;含水较差的含水层,称为弱含水层。含水层的出水能力称为富水性,一般以规定某一口径井孔的最大涌水量来表示,见表1.3。

表 1.3　含水层富水性的划分

含水层富水性等级	钻孔单位涌水量 $q(L/(s \cdot m))$
富水性极弱	<0.01
弱富水性	$0.01 \sim 0.10$
中等富水性	$0.10 \sim 1.00$
强富水性	$1.00 \sim 5.00$
极强富水性	>5.00

　　含水层与隔水层的划分是相对的,它们之间并没有绝对的界线,在一定条件下两者可以相互转化。从广义上说,自然界没有绝对不含水的岩层。

　　某些岩层,尤其是沉积岩,由于不同岩性层的互层,有的层次发育裂隙或溶穴,有的层次致密,因而在垂直层面的方向上隔水,但在顺层的方向上都是透水的。例如,薄层页岩和灰岩互层时,页岩中的裂隙接近闭合,灰岩中的裂隙与溶穴发育,便成为典型的顺层透水而垂直层面隔水的岩层。

三、地下水分类

(一)概述

　　地下水这一名词有广义与狭义之分。广义的地下水是指赋存于地面以下岩土空隙中的水,包括包气带及饱水带中所有含于岩石空隙中的水;狭义的地下水仅指赋存于饱水带岩石空隙中的水。

　　长期以来,水文地质学着重于研究饱水带岩土空隙中的重力水。随着学科的发展,人们认识到饱水带水与包气带水有着不可分割的联系,不研究包气带水,许多重大的水文地质问题是无法解决的。

　　有些水文地质学家注意到,地球深部层圈中的水与地壳表层中的水是有联系的,他们把视野从地壳浅部的水扩展到地球深层圈中的水,并且认为,将水文地质学理解为研究地下水的科学是过于狭窄了,应该把它看作研究地下水圈的科学。这种看法不无道理,但是,鉴于目前对地球深层圈水的情况所知甚少,因此,下述的地下水分类还只是对地壳浅层地下水分类。

　　地下水的赋存特征对其水量、水质时空分布有决定意义,其中最重要的是埋藏条件与含水介质类型。

所谓地下水的埋藏条件,是指含水岩层在地质剖面中所处的部位及受隔水层(弱透水层)限制的情况。据此可将地下水分为包气带水、潜水及承压水。按含水介质(空隙)类型,可将地下水分为孔隙水、裂隙水及岩溶水(图1.14、表1.4)。

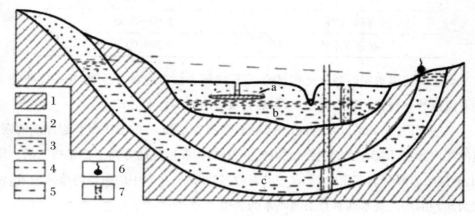

图1.14 潜水、承压水及上层滞水

1.隔水层;2.透水层;3.饱水部分;4.潜水位;5.承压水测压水位;6.泉(上升泉);

7.水井,实线表示井壁不进水;a为上层滞水;b为潜水;c为承压水

(二)地下水按埋藏条件分类

1.潜水

饱水带中第一个具有自由表面的含水层中的水称作潜水。潜水没有隔水顶板,或只有局部的隔水顶板。潜水的表面为自由水面,称作潜水面;从潜水面到隔水底板的距离为潜水含水层的厚度。潜水面到地面的距离为潜水埋藏深度。潜水含水层厚度与潜水面潜藏深度随潜水面的升降而发生相应的变化(图1.15)。

表1.4 地下水分类表

含水介质\埋藏条件	孔隙水	裂隙水	岩溶水
包气带水	松散沉积物中的土壤水;存在局部隔水层上的季节性重力水(上层滞水)、过路重力水及悬挂毛细水	裸露裂隙岩层中存在的季节性重力水及毛细水	裸露岩溶化岩层上部岩溶通道中存在的季节性重力水

续表

埋藏条件＼含水介质	孔隙水	裂隙水	岩溶水
潜水	各种松散沉积物浅部的水	裸露于地表的各类裂隙岩层中的水	裸露于地表的岩溶化岩层中的水
承压水	松散沉积物构成的山间盆地、自流斜地及堆积平原深部的水	构造盆地、向斜、单斜或断裂带裂隙岩层中的水	构造盆地、向斜、单斜或断裂带岩溶化岩层中的水

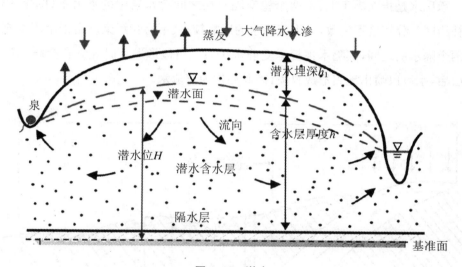

图 1.15　潜水

　　由于潜水含水层上面不存在完整的隔水或弱透水顶板，与包气带直接连通，因而在潜水的全部分布范围都可以通过包气带接受大气降水、地表水的补给。潜水在重力作用下由水位高的地方向水位低的地方径流。潜水的排泄，除了流入其他含水层以外，泄入大气圈与地表水圈的方式有两类：一类是径流到地形低洼处，以泉、泄流等形式向地表或地表水体排泄，这便是径流排泄；另一类是通过土面蒸发或植物蒸腾的形式进入大气，这便是蒸发排泄。

　　潜水与大气圈及地表水圈联系密切，气象、水文因素的变动对它影响显著。丰水季节或年份，潜水接受的补给量大于排泄量，潜水面上升，含水层厚度增大，埋藏深度变小。干旱季节排泄量大于补给量，潜水面下降，含水层厚度变小，埋藏深度变大。潜水的动态有明显的季节变化特点。潜水积极参与水循环，资源易于补充恢复，但受气候影响，且含水层厚度一般比较有限，其资源通常缺乏多年调节性。

潜水的水质主要取决于气候、地形及岩性条件。湿润气候及地形切割强烈的地区，有利于潜水的径流排泄，往往形成含盐量不高的淡水。干旱气候下由细颗粒组成的盆地平原，潜水以蒸发排泄为主，常形成含盐高的咸水，潜水容易受到污染，对潜水水源应注意卫生防护。

综上所述，潜水的基本特点是与大气圈、地表水圈联系密切，积极参与水循环，决定这一特点的根本原因是其埋藏位置浅且上面没有连续的隔水层。

2. 承压水

承压水是指充满于上、下两个稳定隔水层之间含水层中的重力水（图 1.16）。其补给区与分布区不一致，受大气降水的影响较小，不易受污染。由于承压水充满于两个隔水层之间，其隔水顶板承受静水压力。当地形适宜时经钻孔揭露承压含水层后，水可以喷出地表形成自喷，因此亦称为自流水。

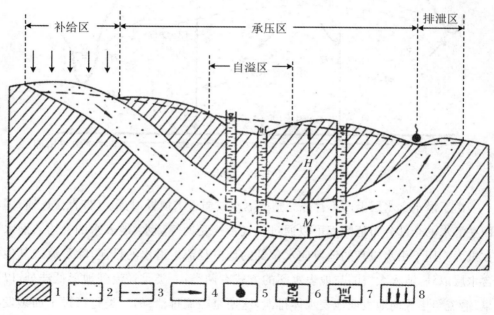

图 1.16 基岩自流盆地中的承压水

1. 隔水层；2. 含水层；3. 潜水位及承压水测压水位；4. 地下水流向；5. 泉；6. 钻孔，虚线为进水部分；
7. 自喷井；8. 大气降水补给；H 为承压高度；M 为含水层厚度

形成自流水的向斜构造，称为自流盆地。自流盆地按其水文地质特征分为补给区、承压区和排泄区三部分，在补给区由于上面没有隔水层存在，具有潜水性质，直接接受大气降水或地表水补给。含水层上部具有隔水层的地段称为承压区，地下水承受静水压力。当钻孔打穿顶板隔水层底面后,自流水便涌入钻孔内,并沿着钻孔上升到一定高度后,趋于稳定不再上升,此时的水面高度称为静止水位或测压水位。从静止水位到顶板隔水层底面的垂直距离称为承压水头,两隔水层之间的垂直距离为含水层厚度。在盆地一端地形较低的地段内,自流水通过泉水等形式排出,称为排泄区。

适宜于储存自流水的单斜构造,称为自流斜地。自流斜地通常是因含水层变化或尖灭,以及含水层被断层错开或被岩浆侵入体阻挡形成的。当地下水未充满两个隔水层之间时,称为无压层间水,其特征除具有自由水面而不承压外,基本上与承压水相同。自流水是很好的供水水源。

3. 上层滞水

当包气带存在局部隔水层(弱透水层)时,局部隔水层(弱透水层)上会积聚具有自由水面的重力水,这便是上层滞水。上层滞水分布最接近地表,接受大气降水的补给,通过蒸发或向隔水底板(弱透水层底板)的边缘下渗排泄。雨季获得补充,积存一定水量;旱季水量逐渐耗失。当分布范围小且补给不很经常时,不能终年保持有水。由于其水量小,动态变化显著,只有在缺水地区才能成为小型供水水源或暂时性供水水源。包气带中的上层滞水,对其下部潜水的补给与蒸发排泄,起到一定的滞后调节作用。上层滞水极易受污染,利用其作为饮水源时要格外注意卫生防护。

(三)地下水按含水层性质分类

1. 孔隙水

存在于疏松岩层孔隙中的水,称为孔隙水。孔隙水的存在条件和特征取决于岩石孔隙的发育情况,因为岩石孔隙的大小不仅关系到岩石透水性的好坏,而且也直接影响到岩石中地下水量的多少、地下水在岩石中的运动条件和水质。

岩石的孔隙情况与岩石颗粒的大小、形状、均匀程度及排列情况有关。如果岩石颗粒大而且均匀,则含水层孔隙大、透水性好,地下水水量大、运动快、水质好;相反,则含水层孔隙小、透水性差、水量小、运动慢、水质也差。由于埋藏条件不同,孔隙水可形成上层滞水、潜水和承压水。

2. 裂隙水

存在于岩石裂隙中的地下水称为裂隙水。裂隙性质和发育程度的不同,决定了裂隙水的赋存和运动条件的差异。所以,裂隙水的特征主要取决于裂隙的性质。裂隙的成因类型有很多,如风化裂隙、成岩裂隙和构造裂隙。对采矿来说,影响较大的是构造裂隙。在一般情况下,脆性岩石(砂岩、石灰岩)的构造裂隙远比柔性岩石(页岩、泥岩)发育。因此,当砂岩和页岩相间分布时,砂岩往往形成裂隙含水层,而页岩则为隔水层。砂岩裂隙含水层的裂隙分布均匀,但其延伸长度和宽度有限,水量较小,对采矿的影响较小,往往不是主要的含水层。

3. 岩溶水

岩溶是发育在可溶性岩石地区的一系列独特的地质作用和现象的总称,又称为喀斯特。这种地质作用包括地下水的溶蚀作用和冲蚀作用。产生的地质现象就是由这两种作用形成的各种溶隙、溶洞和溶蚀地形。埋藏于溶洞、溶隙中的重力水,称为岩溶水。

岩溶的发育特点决定了岩溶水的特征。其主要特点是:水量大、运动快、在垂直和水平方向上都分布不均匀。溶洞、溶隙较其他岩石中的孔隙、裂隙要大得多,降水易渗入,几乎能全部渗入地下。溶洞不但迅速接受降水渗入,而且水在溶洞或暗河中流动很快,年水位差可达数十米;岩溶水埋藏很深,在高峻的山区常缺少地下水露头,甚至地表也没有水,造成缺水现象。大量岩溶水都以地下径流的形式流向低处,在沟谷或与岩溶化岩层接触处,以群泉的形式出露地表。岩溶水的水量大、水质好,可作为大型供水水源。

第四节　地下水的物理性质与化学成分

一、地下水的物理性质

(一)温度

地下水的温度变化幅度极大,有 0 ℃以下至 100 ℃以上的地下水,其温度的变化与自然地理条件、地质条件、水的埋藏深度有关。通常地下水温度变化与当地气温状态相适应。位于变温带内的地下水温度呈现出周期性日变化和周期性年变化,但水温变化比气温变化幅度小,且落后于气温变化;常温带的地下水温度接近于当地年平均气温;增温带的地下水温度随深度的增加而逐渐升高,其变化规律取决于一个地区的地温梯度。不同地区地下水的温度差异很大,如火山区的间歇泉水的温度可达 $100\ ℃$ 以上,而多年冻土带的地下水温度可达 $-50\ ℃$。

（二）颜色

地下水的颜色取决于水中化学成分及其悬浮物。地下水一般是无色的,但当其中含有某种化学成分或有悬浮杂质时,会呈现出各种不同的颜色。如含 FeO 的水呈浅蓝色,含 Fe_2O_3 的水呈褐红色,含腐殖质的水呈黄褐色。

（三）透明度

地下水的透明度取决于水中固体物质及胶体颗粒悬浮物的含量。按其透明度的好坏,地下水可分为透明的、半透明的、微透明的和不透明的。

（四）气味

洁净的地下水是无气味的。地下水是否具有气味主要取决于水中所含气体成分和有机质。如含有 H_2S 的水具有臭鸡蛋味,腐殖质使水具有霉味,亚铁离子使水具有铁腥味等。

（五）味道

通常地下水是无味的,其味道的产生与水中含有某些盐分或气体有关。例如,含 $NaCl$ 的水具有咸味,含 Na_2SO_4 的水具有涩味,含 $MgSO_4$ 的水具有苦味,含有机质的水具有甜味,含 CO_2 的水有令人清爽可口之感。

（六）密度

地下水的密度取决于所溶解的盐分的多少,一般情况下,地下水的密度与化学纯水相同。当水中溶解较多的盐分时,密度增大。

二、地下水的主要化学成分

地下水循环于岩石的空隙中,能溶解岩石中的各种成分。研究表明,地下水中的化学元素有几十种。通常它们以离子状态、分子状态及游离气体状态存在。地下水中常见的离子、分子及气体成分有:

(1) 离子状态:阳离子有 Na^+、K^+、Ca^{2+}、Mg^{2+}、NH_4^+、Mn^{2+} 等;阴离子有 Cl^-、SO_4^{2-}、HCO_3^-、CO_3^{2-}、OH^-、NO_3^-、NO_2^-、SiO_2^{3-} 等。

(2) 分子状态:有 Fe_2O_3、Al_2O_3、H_2SO_4 等。

(3) 气体状态:有 N_2、O_2、CO_2、H_2S 等。

上述成分中以 Cl^-、SO_4^{2-}、HCO_3^-、Na^+、K^+、Ca^{2+}、Mg^{2+} 等离子的分布最广,因而往往以这些成分来表示地下水的化学类型。如地下水中主要阴离子为 HCO_3^-,阳离子为 Ca^{2+},那么地下水的化学类型就定为重碳酸钙型水;若地下水中主要阴离子为 SO_4^{2-},阳离子为 Na^+,其化学类型就定为硫酸钠型水。

地下水所含化学成分不同,可以表现出不同的化学性质。反映地下水化学性质的指标有水的溶解性总固体、pH、硬度以及侵蚀性等。

(一) 水的溶解性总固体

水的溶解性总固体是指单位体积水中所含有的离子、分子和各种化合物的总量,用 g/L 来表示。溶解性总固体表示水的矿化程度,即水中所溶解盐分的多少。溶解性总固体直接反映地下水的循环条件,溶解性总固体高,说明地下水的循环条件差;溶解性总固体低,说明地下水的循环条件好。根据溶解性总固体含量的高低,可将地下水分为 5 类(表 1.5)。

表 1.5　地下水按溶解性总固体分类表

名称	溶解性总固体(g/L)
淡水	<1
微咸水	1~3
咸水	3~10
盐水	10~50
卤水	>50

一般情况下,随着溶解性总固体的变化,地下水中占主要地位的离子成分也随之发生变化。溶解性总固体低的水中常以 HCO_3^-、Na^+、Ca^{2+}、Mg^{2+} 为主;溶解性总固体高的水中,则以 Cl^-、Na^+ 为主;溶解性总固体中等的水中,阴离子常以 SO_4^{2-} 为主,主要阳离子可以是 Ca^{2+},也可以是 Na^+。

(二)pH

水的酸碱度通常用 pH 来表示。pH 是指水中氢离子浓度的负对数值。根据 pH 将地下水分为 5 类(表 1.6)。

表 1.6 地下水按 pH 分类表

酸碱度	pH
强酸性水	<5
弱酸性水	5.0~6.4
中性水	6.5~8.0
弱碱性水	8.1~10.0
强碱性水	>10.0

(三)水的硬度

地下水的硬度取决于水中 Ca^{2+}、Mg^{2+} 的含量。水的硬度对评价水的工业和生活适用性极为重要。如用硬水可使锅炉产生水垢,导热性变坏甚至引起爆炸;用硬水洗衣,肥皂泡沫减少,造成浪费。水的硬度可分为总硬度、暂时硬度和永久硬度:

(1)总硬度。是指水中所含 Ca^{2+}、Mg^{2+} 的总量,它包括暂时硬度和永久硬度。

(2)暂时硬度。是指水沸腾后,由 HCO_3^- 与 Ca^{2+}、Mg^{2+} 结合生成碳酸盐沉淀出来 Ca^{2+} 和 Mg^{2+} 的含量。

(3)永久硬度。是指水沸腾后,水中残余的 Ca^{2+} 和 Mg^{2+} 的含量,在数值上等于总硬度减去暂时硬度。

通常表示硬度的单位有德国度(°dH)和毫克当量每升(meq/L)。1 德国度相当于 1 L 水中含有 10 mg 的 CaO 或 7.2 mg 的 MgO,即 1 L 水中含有 7.2 mg 的 Ca^{2+} 或 4.3 mg 的 Mg^{2+}。1 meq/L 等于 20.4 mg/L 的 Ca^{2+} 或 12.6 mg/L 的

Mg^{2+}。$1 \ meq/L = 2.8°dH$。表 1.7 为地下水的硬度分类。

表 1.7　地下水的硬度分类

水的类型	硬度			硬度（以 $CaCO_3$ 计）
	°dH	meq/L	mol/L	mg/L
极软水	<4.2	<1.5	$<7.5×10^{-4}$	≤150
软水	4.2～8.4	1.5～3.0	$7.5×10^{-4}～1.5×10^{-3}$	≤300
微硬水	8.4～16.8	3.0～6.0	$1.5×10^{-3}～3×10^{-3}$	≤450
硬水	16.8～25.2	6.0～9.0	$3×10^{-3}～4.5×10^{-3}$	≤550
极硬水	>25.2	>9.0	$>4.5×10^{-3}$	>550

（四）侵蚀性

地下水的侵蚀性取决于水中侵蚀性 CO_2 的含量。当含有侵蚀性 CO_2 的地下水与混凝土接触时，就可能溶解其中的 $CaCO_3$，从而使混凝土的结构受到破坏。其反应式如下：

$$CaCO_3 + H_2O + CO_2 \rightleftharpoons Ca(HCO_3)_2 \rightleftharpoons Ca^{2+} + 2HCO_3^-$$

上式的反应是可逆的。由上式可见，当水中含有一定数量的 HCO_3^- 时，就必须有一定数量的游离 CO_2 与之相平衡。当水中的游离 CO_2 与 HCO_3^- 达到平衡之后，若又有一部分 CO_2 进入水中，那么上述平衡就遭到破坏，反应式将加速向右进行，进入水中的 CO_2 其中一部分与 $CaCO_3$ 起了化学作用，使 $CaCO_3$ 被溶解，这部分 CO_2 就称为侵蚀性 CO_2。因此，当水中游离的 CO_2 含量超过平衡的需要时，水中就会有一定的侵蚀性 CO_2，它在地下水中的存在及含量的多少是评价地下水质时必须考虑的问题。

三、常规离子

（一）Cl^-

Cl^- 在地下水中广泛分布，其含量随溶解性总固体的增高而增大。

Cl^- 的来源有：① 含水层（介质）中的盐岩或其他氯化物的溶解；② 补给区介

质的溶滤；③ 人为污染。

（二）SO_4^{2-}

SO_4^{2-} 在溶解性总固体高的水中仅次于 Cl^-，在溶解性总固体低的水中含量较小，在溶解性总固体中等的水中常为含量最高的阴离子。

SO_4^{2-} 主要来源于石膏和其他硫酸盐矿物的溶解及硫化物的氧化。煤系地层中常含有大量的黄铁矿，是地下水中 SO_4^{2-} 的重要来源。

还原环境中，SO_4^{2-} 将被还原成 H_2S 和 S。

（三）HCO_3^-

地下水中 HCO_3^- 含量相对较低，一般不超过 1 000 mg/L。但在溶解性总固体低的水中，HCO_3^- 几乎是主要的阴离子。HCO_3^- 主要来源于碳酸盐的溶解：

$$CaCO_3 + H_2O + CO_2 = 2HCO_3^- + Ca^{2+}$$

$$MgCO_3 + H_2O + CO_2 = 2HCO_3^- + Mg^{2+}$$

（四）Na^+、K^+

Na^+、K^+ 性质相近，在溶解性总固体低的水中含量很低，通常每升含量为几十毫克，但在溶解性总固体高的水中是主要的阳离子。

Na^+、K^+ 主要来源于盐岩和钠、钾矿物的溶解。正长石、斜长石均是富含钾、钠的矿物风化后形成钾、钠的可溶盐，是 Na^+、K^+ 的主要来源。

（五）Ca^{2+}

Ca^{2+} 是溶解性总固体低的水中的主要阳离子，在溶解性总固体高的水中，含量会增加，但远低于 Na^+。Ca^{2+} 主要来源于灰岩和石膏的溶解。

（六）Mg^{2+}

Mg^{2+} 在溶解性总固体低的水中较 Ca^{2+} 少，但在溶解性总固体高的水中仅次于 Na^+。Mg^{2+} 主要来源于含镁碳酸盐沉积岩（白云岩、泥灰岩）的溶解。

四、地下水化学成分的形成作用

地下水主要来自大气降水和地表水体的入渗。在进入含水层前,已经含有一些物质,在与岩土接触后,化学成分进一步演变。地下水的化学成分的形成作用主要有以下几种:

(一)溶滤作用

在水与岩土相互作用下,岩土中的一部分物质转入地下水中,称为溶滤作用。溶滤作用与矿物的溶解度(电离度)、水的温度、水的流动情况、水中已有的化学(气体)成分都有关系,从而形成不同水质类型的地下水。

(二)浓缩作用

在干旱半干旱地区,埋藏不深的地下水不断蒸发,溶解性总固体不断升高,称为浓缩作用。浓缩作用使水中溶解度低的离子不断析出,溶解度高的离子得以保存,水质类型向 Cl-Na 型靠近。

(三)脱碳酸作用

水中的 CO_2 随着压力的降低和温度的升高,便成为游离态从水中逸出,其结果是水中的 HCO_3^-、Ca^{2+}、Mg^{2+} 减少,溶解性总固体降低,pH 变小。

(四)脱硫酸作用

在还原环境中,当有有机物存在时,脱硫酸细菌能使 SO_4^{2-} 还原为 H_2S。其反应式如下:

$$SO_4^{2-} + 2C + 2H_2O =\!=\!= H_2S + 2HCO_3^-$$

结果使水中 SO_4^{2-} 减少乃至消失,HCO_3^- 增大,pH 变大。

(五)混合作用

成分不同的两种水混合,形成与原来两种水都不同的地下水,这就是混合作用。混合作用的结果可能发生化学反应,如以 SO_4^{2-}、Na^+ 为主的砂岩水与以

HCO_3^-、Ca^{2+} 为主的灰岩水相混合,就会发生如下反应:

$$Ca(HCO_3)_2 + Na_2SO_4 \Longrightarrow CaSO_4 + 2NaHCO_3$$

从上式可以看出,两种不同类型的水混合后,产生了以 HCO_3^-、Na^+ 为主的地下水。

水化学形成作用还包括阳离子交替吸附作用、人类活动等。

五、水质分析结果表示法

(一)离子毫克数表示法

即 1 L 水中所含离子毫克数,单位为 mg/L。

(二)离子毫克当量表示法

即 1 L 水中所含离子当量数(摩尔数)。

(三)离子毫克当量百分数表示法

即 1 L 水中阴、阳离子毫克当量总数各为 100%,某种离子所占百分比。

(四)分式表示法(库尔洛夫式)

将离子毫克当量百分数大于 10% 的阴、阳离子,按递减顺序排列在横线上、下方,再将溶解性总固体、气体成分、特殊元素列在分式前面,式末列出水温和涌水量,如下式所示:

$$Br_{0.02} H_2S_{0.10} M_{1.5} \frac{HCO_3^{84} SO_4^{10}}{Ca_{73} Mg_{10}} t_{18} Q_{1.2}$$

(五)图形表示法

图形可以直接形象地反映出水化学特征,有利于水质类型的分析对比,在水化学研究中广泛被使用。主要有圆形图、柱状图、玫瑰花图、六边形图等。

1. 圆形图

这是根据 6 种离子(K^+、Na^+ 合为一种)毫克当量百分数绘制成的圆形图。

阴、阳离子各占圆的一半面积。阴离子在左,从上向下依次为 HCO_3^-、SO_4^{2-}、Cl^-;阳离子在右,从上向下依次为 Ca^{2+}、Mg^{2+}、Na^+、K^+。各种离子所占扇形面积的大小表示毫克当量百分数的多少,圆的直径大小表示溶解性总固体等级(图1.17(a))。

2. 柱状图

这是根据6种离子毫克当量数绘制成的柱状图(双柱)。阴、阳离子分别位于柱的左右。阴离子在左,从上向下依次为 HCO_3^-、SO_4^{2-}、Cl^-;阳离子在右,从上向下依次为 Ca^{2+}、Mg^{2+}、Na^+、K^+。各种离子所占的高度表示毫克当量数的多少(图1.17(b))。

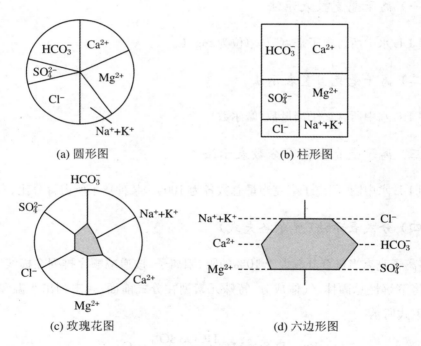

(a) 圆形图　　　　　　　　　　(b) 柱形图

(c) 玫瑰花图　　　　　　　　　(d) 六边形图

图 1.17　水质分析图形表示法

3. 玫瑰花图

这是根据主要阴、阳离子的毫克当量百分数绘制成的圆形图。3条直径的6个端点把圆周六等分,每个半径上自圆心到圆周绘制一种离子的毫克当量百分数分布点,连接成玫瑰花图。自上端点逆时针方向依次为 HCO_3^-、Ca^{2+}、SO_4^{2-}、Cl^-、Ca^{2+}、Mg^{2+}、Na^+、K^+(图1.17(c))。

4.六边形图

在水文地质剖面图上,多使用这种水化学图形。它是根据 6 种离子毫克当量数绘制成的六边形。在垂直于竖轴的 3 条间距相等的横线上,用统一的比例尺表示阴、阳离子的毫克数。阴离子在右,从上向下依次为 Cl^-、HCO_3^-、SO_4^{2-};阳离子在左,从上向下依次为 Na^+、K^+、Ca^{2+}、Mg^{2+}。把 6 个端点连接成六边形(图 1.17(d))。

(六)水质分析结果的审查

(1)为检查水质分析质量,可以将同一水样送到不同化验室做平行实验,误差不超过 2%。

(2)阴离子的毫克当量总数要与阳离子的毫克当量总数相同,误差不超过 2%。

(3)硬度、碱度与离子之间的关系:$Ca^{2+} + Mg^{2+}$(meq/L)= 总硬度(meq/L),误差不超过 1 meq。

当有永久硬度时,没有负硬度。$Cl^- + SO_4^{2-} > Na^+ + K^+$,暂时硬度等于重碳酸根离子含量。

当有负硬度存在时,则总硬度 = 暂时硬度;负硬度 = 总硬度 - 总碱度。

六、地下水化学分类与图示方法

(一)舒卡列夫分类

苏联学者舒卡列夫的分类(表 1.8)是根据地下水中 6 种主要离子(K^+ 合并于 Na^+ 中)及溶解性总固体划分的。将含量大于 25% 毫克当量的阴离子和阳离子进行组合,共分成 49 型水,每型以一个阿拉伯数字作为代号。按溶解性总固体又划分为 4 组:A 组小于 5 g/L,B 组为 1.5~10 g/L,C 组为 10~40 g/L,D 组大于 40 g/L。

不同化学成分的水都可以用一个简单的符号代替,并赋予一定的成因特征。例如,1-A 型即溶解性总固体小于 1.5 g/L 的 HCO_3-Ca 型水,是沉积岩地区典型的溶滤水,而 49-D 型则是溶解性总固体大于 40 g/L 的 Cl-Na 型水,可能是与海水及海相沉积有关的地下水或者大陆盐化潜水。

表 1.8 舒卡列夫分类表

超过 25%毫克当量的离子	HCO_3^-	$HCO_3^- + SO_4^{2-}$	$HCO_3^- + SO_4^{2-} + Cl^-$	$HCO_3^- + Cl^-$	SO_4^{2-}	$SO_4^{2-} + Cl^-$	Cl^-
Ca^{2+}	1	8	15	22	29	36	43
$Ca^{2+} + Mg^{2+}$	2	9	16	23	30	37	44
Mg^{2+}	3	10	17	24	31	38	45
$Na^+ + Ca^{2+}$	4	11	18	25	32	39	46
$Na^+ + Ca^{2+} + Mg^{2+}$	5	12	19	26	33	40	47
$Na^+ + Mg^{2+}$	6	13	20	27	34	41	48
Na^+	7	14	21	28	35	42	49

这种分类简明易懂,在我国广泛应用。利用此表系统整理分析资料时,从表的左上角向右下角大体与地下水总的矿化作用过程一致。缺点是以 25%毫克当量为划分水型的依据带有主观性;在分类中,对大于 25%毫克当量的离子未反映其大小的次序,对水质变化反映不够细致。

(二)派珀三线图解

派珀(A. M. Piper)三线图解由两个三角形和一个菱形组成(图 1.18),左下角三角形的三条边线分别代表阳离子中 $Na^+ + K^+$、Ca^{2+} 及 Mg^{2+} 的毫克当量百分数。右下角三角形表示阴离子 Cl^-、SO_4^{2-} 及 HCO_3^- 的毫克当量百分数。任一水样的阴、阳离子的相对含量分别在两个三角形中以标号的圆圈表示,引线在菱形中得出的交点上以圆圈综合表示此水样的阴、阳离子相对含量,按一定比例尺画的圆圈的大小表示溶解性总固体。

落在菱形中不同区域的水样具有不同的化学特征(图 1.19)。1 区碱土金属离子超过碱金属离子,2 区碱大于碱土,3 区弱酸根超过强酸根,4 区强酸大于弱酸,5 区碳酸盐硬度超过 50%,6 区非碳酸盐硬度超过 50%,7 区碱及强酸为主,8 区碱土及弱酸为主,9 区任一对阴、阳离子毫克当量百分数均不超过 50%。

这一图解的优点是不受人为影响,从菱形中可以看出水样的一般化学特征,在三角形中可以看出各种离子的相对含量。将一个地区的水样标在图上,可以分析地下水化学成分的演变规律。

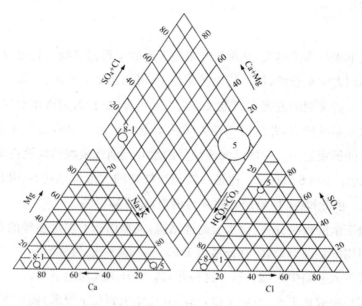

图 1.18　派珀三线图解

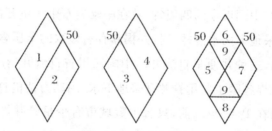

图 1.19　派珀三线图解分区

第五节　地下水出露

地下水露头的种类有:地下水的天然露头——泉、地下水溢出带、某些沼泽地、岩溶区的暗河出口及岩溶洞穴等;地下水的人工露头——井、钻孔、矿山井巷及地下开挖工程等。常见的地下水露头是井和泉。

一、井

井是地下水的人工露头,是用于开采地下水的工程构筑物。它可以是竖向的、斜向的和不同方向组合的,但一般以竖向为主,可用于生活取水、灌溉。

井对于人类文明的发展有着重大意义。井出现之前,人类逐水而居,只能生活在有地表水或泉的地方,井的发明使人类活动范围扩大。中国是世界上开发利用地下水最早的国家之一。中国已发现最早的水井是浙江余姚河姆渡古文化遗址水井,其年代为距今约 5 700 年。这是一口相当精巧的方形木结构井,井深 1.35 m,边长为 2 m。由此推断,原始形态的井的出现,还要早得多。

根据地下水的埋藏分布、含水层岩性结构,人类创造了多种多样的井型。中国民间长期习用的是圆形筒井,直径多为 1~2 m,深度一般为数米到二三十米,施工时人可直接下入井筒中挖掘土石。这种井只宜于开采浅层地下水。

为了开采深部地下水,发展了口径较小(几厘米到几十厘米)而深度相当大(几十米至几百米)的管井。打管井需要专门的打井机械和采用比较复杂的工艺。早在公元前 250 年,在中国现今的四川省,就在坚硬岩石中大量开凿深达数十米乃至百米以上的井,开采地下卤水煮盐。打井揭露存有卤水的承压含水层后,地下水往往从井中自行流出,这种井便是自流井。中国四川省自流井(今自贡市)的地名即由此而得。现代世界各国主要用管井开采地下水,用动力钻机打井,以各种水泵作为提水工具。中国在 1949 年以前,只有少数城市有少量管井,用动力提水的井也为数不多;到 1980 年,全国动力提水的井发展到 220 万口,广泛用于工矿城镇供水、农业灌溉及其他目的。

为适应不同的地层条件,发展了斜井和水平的井。因增大井的出水量的需要,后来又出现了将水平的滤水管与竖向井筒结合起来的辐射井。这种井的主井筒直径可达数米,水平滤水管长数十米到一百多米,宜于开采埋藏浅、厚度小的松散的或半胶结的含水层,也可用于截取河岸及河床下的潜流。砂砾层中的辐射井,出水量最大可达 1 m³/s。根据第一次全国水利普查结果,2011 年底全国取水井数量共计 9 748 万眼,取用地下水达 1 081.25 亿 m³。

二、泉

泉是地下水的天然露头,在地表与含水层或含水通道相交点地下水出露成泉。山区及丘陵的沟谷与坡脚,常可见泉,而在平原地区很少有。

根据补给泉的含水层的性质,可将泉分为上升泉及下降泉两大类,上升泉由承压含水层补给,下降泉由潜水或上层滞水补给。仅仅根据泉口的水是否冒涌来判断是上升泉或下降泉,那是不合适的,下降泉泉口的水流也可显示上升运动;反之,通过松散覆盖物出露的上升泉,泉口附近的水流也可能呈下降运动。

根据出露原因,下降泉可分为悬挂泉、侵蚀泉、接触泉与溢流泉。由上层滞水补给、季节性出露的泉,叫悬挂泉,中国北方群众一般称为空山泉。沟谷切割揭露潜水含水层时,形成侵蚀(下降)泉。地形切割达到水层隔水底板时,地下水被迫从两层接触处出露成泉,这便是接触泉。大的滑坡体前缘常有泉出露,这是由于滑坡体破碎、透水性良好,而滑坡床相对隔水,实质上这也是一种接触泉。潜水流前方透水性急剧变弱,或隔水底板隆起,潜水流动受阻而涌溢于地表成泉,这便是溢流泉。

上升泉按其出露原因可分为侵蚀(上升)泉、断层泉及接触带泉。当河流、冲沟等切穿承压含水层的隔水顶板时,形成侵蚀(上升)泉。地下水沿导水断层上升,在地面高程低于测压水位处涌溢地表,便成为断层泉。岩脉或侵入体与围岩的接触带,常因冷凝收缩而产生隙缝,地下水沿此类接触带上升成泉,就叫作接触带泉。

泉的基本类型、平面与剖面图示见表1.9。

表 1.9　泉的基本类型、平面与剖面图示

基本类型		平面与剖面图示
下降泉	悬挂泉:由上层滞水补给的泉	
	侵蚀泉:地形侵蚀揭露了潜水水面而出露的泉	

续表

基本类型	平面与剖面图示	
下降泉	接触泉：地形侵蚀揭露了潜水含水层底板，水流下方受阻成泉	
	溢流泉：含水层前方出现隔水岩层或含水层厚度突变，水流运动前方受阻成泉	
上升泉	侵蚀泉：地形侵蚀揭露了承压含水层的隔水顶板出露的泉	
	断层泉：沿断层带上升涌出的承压含水层的水	
	接触带泉：沿岩脉或侵入体接触带上升涌出的深部地下水	

　　据统计，全国泉的总数有 10 万之多。在地形、地质、水文地质条件十分巧妙的配合下，可出现成群的大泉，举世闻名的泉城济南，在 2.6 km² 范围内出露 106 个泉，其总涌水量最大时达到 5 m³/s。济南市以南为寒武-奥陶系构成的单斜山区，地形与岩层均向济南市区倾斜，市区北侧为闪长岩及辉长岩侵入体，奥陶系灰岩呈舌状，为闪长岩及辉长岩所包围。透水良好的灰岩接受大气降水的补给，丰富的地下水汇流于济南市的东南，受到岩浆岩组成的口袋状"地下堤坝"的阻挡，被迫出露，造成"家家泉水"的奇观。

第二章　地下水与人体健康

第一节　地下水水质常规指标

中华人民共和国国家标准《饮用天然矿泉水》（GB 8537—2018）将地下水水质常规指标分为感官指标、理化指标（界限指标、限量指标）、污染物限量指标、微生物限量指标等。

一、感官指标

1. 色度

色度，又称色，是水质监测中的一项重要指标。一般情况下，纯水呈无色透明状。天然水中存在的腐殖质、泥土、微生物、铁和锰等金属离子可使水体着色。例如，土壤中存在的腐殖质成分常使水带有黄色，低价铁化合物常使水呈淡绿或蓝色，高价铁化合物则会使水呈黄色、褐色等。因此，水的色度大小可以从一定程度上反映水质的优劣水平。使水体着色的物质种类多种多样，主要有显色有机物、悬浮物、可溶性显色离子及其与有机物形成的螯合物等。其中，把显色物质溶解于水中而产生的色度，称为真色；悬浮在水中而产生的色度，称为表色。

2. 浑浊度

浑浊度是表征水中悬浮物质等阻碍光线透过程度的指标，能反映天然水及饮用水的物理性状，可表示水清澈或浑浊的程度。浑浊度是一项具有重要意义的卫生学指标，是进行卫生监督、监测的关键性指标之一。浑浊的水会使人有不洁净的感觉,所以生活饮用水长期以来一直把它作为一项重要的感官性状指标。水的浑浊程度与水中的悬浮物含量有关系,一般水中悬浮物含量愈多,水的浑浊程度也愈大,但是不能把两者等同起来。天然水中常含有许多悬浮物质,如泥沙、黏土、有机物、微生物等,当它们的大小处于从胶体(1 nm～1 μm)到悬浊液(＞1 μm)的范围时,水在光照下会产生浑浊现象,这是由于光线通过水层时被悬浮物散射的缘故。

3. 滋味、气味

滋味、气味是具有矿泉水特征性口味,无异味、无异嗅。嗅和味是由具有一定蒸气压的物质刺激鼻腔和鼻窦中的感觉器官而引起的感觉。一般引起嗅觉产生反应的浓度比味觉要低得多,而且产生气味的物质一旦超过嗅阈值(odor threshold concentration,OTC),嗅味的强度会随浓度升高而增加。水中的致嗅物质可根据其来源分为两类:一类属于天然来源,大多数是从土壤、岩石中析出的矿物质,如铁、锰等;另一类是人类活动影响的结果,也是水中致嗅物质最主要的来源,其中部分是人类直接向水体中排放的致嗅化合物,如酚类化合物等,还有部分来自人类排入水中的有机物产生的分解产物(如硫醇、硫化氢、胺类等)以及水中某些微生物的代谢产物的释放。地下水中常见的致嗅物质有硫化氢和甲烷等,具有臭鸡蛋气味的硫化氢通常由井中的铁或硫还原菌活动产生,一般可经曝气去除,而闻起来有大蒜味的甲烷通常由地下水中的有机物分解产生,也可以经曝气去除。水中嗅味的定性与定量分析技术是解决水中嗅味问题的前提和基础。通常情况下,水中嗅味组成非常复杂,并且水中致嗅物质的嗅阈值浓度极低,因而对水中致嗅物质的定量分析技术比较困难,常见的定性定量分析方法有很多,一般可分为感官分析法、仪器分析法和综合分析法3种。

4. 状态

允许有极少量的天然矿物盐沉淀,无正常视力可见外来异物,即不可有水中存在的、能以肉眼观察到的颗粒或其他悬浮物质,其来源既包括天然的,也包括人为污染所造成的。例如,当铁含量较高的地下水暴露于空气时,水中的二价铁易氧化形成沉淀,形成肉眼可见物;在有机物污染严重的水体中微生物大量繁殖,会造成水中有色悬浮物的产生。因此,把正常视力可见物作为矿泉水的一项水质指标十分有意义,正常视力可见物是消费者判断水质好坏的直观指标。水中含有正常视力可见物不但会影响饮用水的外观,还表明水中可能存在有害物质或生物的过多繁殖。为保证健康及饮用水的可接受性,我国《生活饮用水卫生标准》规定饮用水不应含有沉淀物、肉眼可见的水生生物及令人厌恶的物质，即不得含有正常视力可见物。

二、理化指标(界限指标、限量指标)

1. 锂

锂是典型的亲岩元素，在许多偏硅酸盐矿物中均有分布，由于锂与镁的结晶化学性质相似，能在自然界镁、铁硅酸盐矿物中广泛产生类质同象置换，所以在风化壳土壤中尤其是黏土质矿物中含锂量较高。在风化作用下，原岩发生分解，一部分锂从矿物晶格中析出，与卤族元素化合成可溶盐(如 LiCl)在(地下)水中迁移。根据相关研究结果，地下水中的锂离子含量与土壤中的钾含量及介质的酸碱度有密切关系，即地下水中的锂离子含量随 pH 的增大而升高，呈幂函数关系。

2. 锶

锶是自然界中广泛分布的微量元素。由于锶与钙极易产生类质同象，能进入各种富含钙的矿物中。岩石中的锶是地下水锶的主要来源。根据相关研究结果，锶在地下水中以二价锶的形式存在和迁移，它的含量与岩土中的锶含量及地下水中的钙含量有密切关系，尤其是在基岩区的地下水中更为明显，其含量随岩土及地下水中钙含量的增高而增高。在碳酸盐岩分布区的泉水，以及含钙砾岩、砂岩、页岩、泥岩或钙质胶结的砾岩、砂岩等碎屑岩或红色碎屑岩分布区的泉水，尤其是上述分布岩性与断裂构造有关的泉水，锶含量普遍较高，是寻找具有开发利用价值的锶矿水有利的地区。而其他岩类分布区，尤其是岩浆岩分布区的泉水，锶含量普遍较低，在这些岩类分布区，难以找到具有开发利用价值的锶矿泉水。

3. 锌

地下水中的微量锌主要是含锌矿物溶解于水所致。自然界主要含锌矿物包括闪锌矿、纤锌矿、菱锌矿等。锌不溶于水，但是它的许多盐类如氯化锌、硫酸锌等易溶于水，在天然水中锌以 Zn^{2+} 形式存在。Zn^{2+} 在天然水的 pH 范围内都能水解生成多核羟基配合物，Zn^{2+} 在 pH 为 6 时为简单离子，pH 为 7 时有微量 $Zn(OH)^+$ 生成，pH 为 8～10 时以 $Zn(OH)_2$ 占优势，pH 大于 11 时生成 $Zn(OH)_3^-$ 与 $Zn(OH)_4^{2-}$。锌还是比较强的整合体，可与天然水中的有机酸和氨基酸形成可溶性配合物,也可与黏土矿物缔合并可向底质沉积物中迁移转化。土壤中锌的迁移主要取决于土壤的 pH,通常在酸性土壤中锌容易发生迁移。

4．偏硅酸

偏硅酸是地下水中分布广泛的组分之一,因为硅是构成地壳岩石圈的主要元素之一,从数量上来说,它仅次于氧,占第二位。由于硅和氧之间的结合力很强,所以经常见到硅的氧化物,如二氧化硅、硅氧四面体等。具电负性的硅氧四面体很容易与金属阳离子结合,形成各种硅酸盐矿物。硅酸盐是地壳分布最广、数量最大的一种矿物,它们是岩浆岩、绝大部分沉积岩及变质岩的主要造岩矿物。硅酸盐和二氧化硅矿物是地下水中偏硅酸的物质来源。一般情况下,岩石中的硅质成分含量愈高,地下水中的偏硅酸含量就愈高,如凝灰岩、花岗岩、花岗闪长岩地区地下水中的 SiO_2 含量明显高于灰岩地区。地下水中的 SiO_2 含量还与水中侵蚀性 CO_2 含量有一定关系,这种关系在温度较低的水中较明显,因为在高温条件下更为强大的因素(热因素)会起显著作用,它大大促进 SiO_2 的溶解,相应地,气体因素作用减小。在低温状态下,石英、硅酸盐均为难溶矿物,地下水中如有大量侵蚀性 CO_2 存在,则会大大加强水的侵蚀能力,促进硅质矿物的溶解。此外,硅酸盐的溶滤、热液交代及高温下 SiO_2 矿物的溶解等水文地球化学作用是地下水中可溶 SiO_2 形成的主要因素。

5．硒

硒在天然条件下以无机物的形式存在,包括硒化物及含硒矿物等。在土壤中富集的硒很容易被淋溶而进入地下水中,而人为硒的来源则包括燃煤和硫化矿的开采及冶炼、玻璃制造业和金属冶炼厂的废液等。地下水中硒的浓度随不同地理区域有很大差别,除了在某些富硒地区,浓度通常远低于 0.01 mg/L。

6．游离二氧化碳

游离二氧化碳是指溶于水中的二氧化碳,其溶解度与温度、压力等有关。地下深处的岩浆在地壳内部温度、压力等条件发生变化时,就可以沿应力释放的断裂面等地壳薄弱地带上升,侵入地壳中或喷出地表造成火山活动。岩浆在上升过程中也不断改变自身的化学成分和物理状态,尤其是岩浆活动后期,由于压力和温度的降低,特别有利于岩浆中挥发性组分的分异逸出,其中之一就是二氧化碳气体的析出。固态岩石中矿物的变质重结晶作用过程中,晶体被破坏,晶穴中的气态二氧化碳即会逸出,液态二氧化碳也会流出,在高温下也可变为气态二氧化碳。此外,有机质氧化分解、碳酸盐矿物的水解及化学反应均可释放二氧化碳。

7. 溶解性总固体

溶解性总固体指水中溶解组分的总量,包括溶解于地下水中各种离子、分子、化合物的总量,但不包括悬浮物和溶解气体。溶解性总固体一般采用重量法测量,水样经过滤后在一定温度下烘干,所得固体干涸残渣包括不易挥发的可溶性盐类、有机物及能通过过滤器的不溶解微粒等,其中 Cl^-、HCO_3^-、CO_3^{2-}、SO_4^{2-}、K^+、Na^+、Ca^{2+}、Mg^{2+} 可占溶解性固体总量的 95%～99%。溶解性总固体是生活饮用水监测中必测的指标之一,它可以反映被测水样中无机离子和部分有机物的含量。水中含过多溶解性总固体时,饮用者就会有苦咸的味觉并感受到胃肠刺激。溶解性总固体高,除对人体有不良影响外,还可损坏配水管道或使锅炉产生水垢等。地下水溶解性总固体的形成是水岩长期相互作用的结果,其所受影响因素有很多,主要包括降水、蒸发、地形、土壤类型、土地利用类型、岩性及农业活动等。因此,地下水中溶解性总固体的分布具有空间变异性。此外,人类活动也会在一定程度上引起地下水中溶解性总固体含量的增高,例如,污水渗漏、地下水过量开采等。

8. 锑

锑是生成多种合金的重要原料,可应用于半导体合金、电池、减摩化合物、炸药、电缆护套、防火剂、陶瓷、玻璃、焊料合金等。自然界中大部分锑以硫化物矿石存在,如辉锑矿、硫锑铅矿等。除在某些温泉及地热水中锑的浓度较高(可达500 μg/L以上)外,天然地下水中一般浓度较低。人为活动如酸性矿山废水、玻璃或金属处理企业排放的废水是引起地下水锑污染的主要原因,而生活废水中几乎不含锑。锑是一种有毒的化学元素,会刺激人的眼、鼻、喉咙及皮肤,持续接触可破坏心脏及肝脏功能。接触较高浓度的锑可引起化学性结膜炎、鼻炎、咽炎、喉炎、支气管炎、肺炎等。口服引起急性胃肠炎,伴随的全身症状有疲乏无力、头晕、头痛、四肢肌肉酸痛,还可引起心、肝、肾损害。慢性影响常出现头痛、头晕、易兴奋、失眠、乏力、胃肠功能紊乱、黏膜刺激症状,还可引起鼻中隔穿孔。

9. 铜

地下水中的铜主要来源于含铜矿物的风化溶解。自然界中含铜的矿物比较多见,大多具有鲜艳而引人注目的颜色,例如金黄色的黄铜矿($CuFeS_2$)、鲜绿色的孔雀石[$CuCO_3 \cdot Cu(OH)_2$]、深蓝色的石青[$2CuCO_3 \cdot Cu(OH)_2$]、赤铜矿(Cu_2O)、辉铜矿(Cu_2S)等。地下水中铜的化合物主要以二价态存在,其存在形态有离子态和配合物。当 pH 为 5～7 时,以 Cu^{2+} 占绝对优势;当 pH 为 7～8 时,以 Cu^{2+} 和其他配合物($CuOH$)$^+$ 为主;当 pH 大于 8 时,以 Cu^{2+} 的配合物 $Cu(OH)_2$ 为主。地下水中铜的形成和迁移富集与地下水的酸碱度有密切关系,此外,还与含水介质及其上覆土层性质、氧化还原环境、水动力条件、水化学类型和溶解性总固体有关。实际上,地下水中的铜含量,除铜矿区及其被污染的地下水外,一般都远远低于 1 mg/L。因此,饮用地下水通常不会发生铜中毒。

10. 钡

钡主要用于制钡盐、合金、焰火、核反应堆等,也是精炼铜时的优良除氧剂。钡作为一种微量元素,存在于火成岩、沉积岩中,钡的主要矿物重晶石($BaSO_4$)和毒重石($BaCO_3$)的溶解性都很弱,但存在于海相碳酸盐岩中的钡可随地下水与所流经岩层进行水-岩作用而进入岩溶水中。人为活动如燃煤发电厂的废物、石油和天然气钻探泥浆等渗滤液是引起地下水钡污染的主要来源。金属钡几乎没有毒性,但可溶性钡盐如氯化钡、硝酸钡等食入后可发生严重中毒,出现消化道刺激症状、进行性肌麻痹、心肌受累、低血钾等。吸入可溶性钡化合物的粉尘,可引起急性钡中毒,表现与口服中毒相仿,但消化道反应较轻。

11. 总铬

总铬是指不同形态下铬离子总的含量,主要有三价与六价的铬离子,即正常情况下总铬是指水中六价铬和三价铬的总和。铬以不同形式存在于自然界中且含量较高,主要存在于铬铅矿中,主要的矿物是铬铁矿、铝铬铁矿、硬铬尖晶石等。天然条件下,地下水中的六价铬浓度一般很低,但是受到人为污染,其浓度会明显升高。铬及其盐类应用非常广泛,不仅可以用于制革、陶瓷、玻璃工业和电镀业以及生产催化剂、色素、油漆、杀菌剂等,还可以用于制造不锈钢、汽车零件、工具、磁带和录像带等。金属铬对人体几乎不产生有害作用,未见引起工业中毒的报道。六价铬离子对人体健康的毒害很大,具有致癌性。

12. 锰

地下水中的锰主要来源于岩石和矿物中锰的氧化物、硫化物、碳酸盐、硅酸盐的溶解;高价锰的氧化物,如软锰矿(MnO_2)等,在缺氧的还原环境中,能被还原为二价锰而溶于含碳酸的水中。此外,在富含有机物的水中,还可能存在有机锰。天然地下水中的锰有正二价到正七价的各种价态,但在天然地下水中溶解状态的锰主要是二价锰。地下水中锰的迁移在基岩山区除了受含水介质成分、径流条件影响外,主要受氧化环境控制。岩石受强烈风化、分解、溶滤作用时,岩土中的锰矿物释放出大量的锰离子。而在平原区,尤其在细粒物沉积的滨湖区,地下水中锰的迁移除了与含水介质成分、径流条件、上覆土层性质、酸碱条件、地下水中氯离子含量有关外,主要受还原环境控制。对微咸水、咸水中锰离子的形成,氯离子的含量起主导作用,氯离子的含量越高,越有利于锰的迁移。当水中锰浓度大于 0.1 mg/L时,水体变浑浊,特别是水中含有过量的锰时,可在洗涤衣服时生成锈色斑点,在光洁的卫生用具上和与水接触的墙壁、地板上都能着上黄褐色斑点,从而影响产品质量。人长期饮用含锰过高的水,会影响人的饮食以及引起消化系统和骨骼系统疾病。

13．镍

镍主要用于不锈钢和镍合金的生产,在各种军工制造业和民用工业中有广泛的用途。此外,镍还可用作陶瓷颜料和防腐镀层,镍钴合金是一种永磁材料,广泛用于电子遥控、原子能工业和超声工艺等领域。在化学工业中,镍常用作有机加氢的催化剂及制取配合物。自然界中镍的存在比较广泛,常见矿物包括镍黄铁矿、硅镁镍矿、黄镍矿、红镍矿等。地下水中的镍主要来自于矿物的风化溶解,进入土壤的镍离子易被土中无机和有机复合体所吸附,主要累积在表层,因此,地下水中镍的浓度一般较低。此外,镍在地下水中的迁移与地貌和酸碱度密切相关。人为活动如工业电镀和冶炼等产生的废水、废渣,若不经过处理而排入城市下水道、江河湖海或直接排到沟渠或渗坑里,会导致地下水镍污染。镍的化合物能引起动物在染毒的注射部位出现肿瘤,但经口染毒的致癌实验很有限,在针对镍的化合物各种短期生物试验系统中,大量致突变性研究结果表明,镍化合物具有致突变性。

14．银

银在自然界中有单质存在,但主要以氧化物、硫化物和某些盐类形式存在,矿物如辉银矿、角矿等。银及其矿物均不易溶解迁移,地下水偶尔会检出,但检出的浓度很少超过 5 μg/L。银不仅可作为贵金属用于货币、首饰、装饰等,还可用于合金、催化剂、电线等导电体、化学仪器等,并且其盐类、氧化物和卤化物等可用于摄影物质、碱电池、电器、镜子、消毒剂等方面。人为活动如医院、照相馆、印刷厂等单位在处理感光胶片时所用的定影液,各种镀银件、镀银边角料、报废片状元器件、废X光片、废菲林等都含有银,这些废液和废料不经过适当处理都会成为地下水中银的污染来源。银并不会对人体产生毒性,但长期接触银金属和无毒银化合物也会引起银质沉着症。银及其化合物可经胃肠道、呼吸道、皮肤吸收,但吸收量微,银一旦被吸收,能长期保留在组织内。

15. 溴酸盐

溴酸盐是指溴酸($HBrO_3$)的盐类,如溴酸钠、溴酸钾等。在正常情况下,地下水中不含溴酸盐,但是会含有一些溴化物。溴酸盐难溶于水,且受热易分解。矿泉水以及山泉水等多种天然水源在使用臭氧进行消毒时,溴化物与臭氧发生反应,氧化后会生成溴酸盐。水中溴酸盐的浓度取决于原水中的溴化物浓度、臭氧剂量、溶解性有机碳浓度以及水的 pH 等。有关研究认为,溴酸盐对试验动物有致癌作用已有足够的证据,但对人的致癌作用还不能肯定,因此,国际癌症研究中心(IARC)将溴酸盐列为 B2 组(对人可能致癌)的潜在致癌物。长期饮用含溴酸盐的矿泉水可使人致癌。育龄妇女、孕妇、免疫功能低下者、幼儿和年迈的人特别容易受溴酸盐的影响,容易造成恶心、呕吐、胃肠痛苦、无尿、腹泻、中枢神经系统抑郁症、溶血性贫血、肺水肿、肾功能衰竭和失聪等。

16. 硼酸盐(以 B 计)

硼酸盐是指与三氧化二硼有关伪盐类的通称,通常仅指正硼酸的盐。硼酸盐也包括偏硼酸盐、原硼酸盐和多硼酸盐等,最重要的硼酸盐是四硼酸钠,俗称硼砂。硼酸盐与强酸水溶液作用析出正硼酸,自然界中的主要来源是与硼砂有关的矿物,可用于制造硼硅玻璃、陶瓷釉彩、透明搪瓷、去污剂、软水剂、防火材料、防腐剂和助熔剂等。硼酸盐的最大聚积是在古代湖泊沉积物或变干海的沉积物中,常常在泥火山产物中由热水溶液形成,它们同氯化物-硫酸盐盐类的矿物(石盐、光卤石、氯钾盐、石膏、硬石膏等)聚合在一起。硼酸盐经暴露的皮肤或皮肤炎性部位以及胃肠道吸收,对局部产生一定刺激。硼酸盐经肾由尿排出体外,高浓度的硼酸盐对肾造成损伤。

17. 氟化物(以 F⁻ 计)

氟化物是指含有无机氟的化合物,广泛存在于自然界中。自然界中的氟化物主要来源于火山爆发、高氟温泉、干旱土壤、含氟岩石的风化释放以及化石燃料的燃烧等。地下水中氟化物的浓度随水流经岩石的种类不同而各异,在一些富含氟化物矿物的地方,地下水中含氟量可达 10 mg/L,有些地方甚至更高。

18. 耗氧量(以 O_2 计)

耗氧量是利用化学氧化剂(如高锰酸钾)将水中可氧化物质(如有机物、亚硝酸盐、亚铁盐、硫化物等)氧化分解,然后根据残留的氧化剂的量计算出氧的消耗量,它代表在规定条件下可氧化物质的总量,是反映水中有机污染物总体水平的指标,可用来指示水体的有机物污染程度。地下水中可被氧化的物质包括有机物和无机物,由于天然地下水中有机物的含量一般较低,所以未遭受污染的地下水中,耗氧量一般比较低,通常小于 3 mg/L,主要由一些无机的还原性物质产生。水体一旦遭受污染,耗氧量的数值会明显增加,因此,耗氧量主要是衡量水体被还原态物质污染程度的一项重要指标。

19. 挥发酚(以苯酚计)

挥发性酚类是一类有机化合物,指在酚类化合物中能与氯结合形成氯酚臭的,主要是苯酚、甲苯酚、苯二酚等在水质检测中能被蒸馏出和检出的酚类化合物。环境中的酚主要来自炼焦、炼油、制取煤气、制造酚及其化合物、用酚做原料的工业排放的含酚废水和废气等。不经处理的含酚废水如通过明渠进行灌溉,酚便会挥发进入大气或渗入地下,污染大气、地下水和农作物。水中含酚主要来自工业废水污染,特别是炼焦和石油工业废水,其中苯酚为主要成分。水环境中的酚污染大多是低浓度和局部性的,酚除具有毒性作用外,还有恶臭,尤其是当它同水中游离氯结合时,可产生使人厌恶的氯酚臭。酚及其化合物具中等毒性,它们可经皮肤、黏膜、呼吸道和口腔等多种途径进入人体,在体内的毒性作用与细胞原浆中的蛋白质发生化学反应,形成变性蛋白质,使细胞失去活性。酚及其化合物引起的病理变化主要取决于它们的浓度,低浓度时能使细胞变性,高浓度时能使蛋白质凝固。低浓度对人体的局部损害虽不如高浓度严重,但由于其渗透力强,可深入内部组织,侵犯神经中枢,刺激脊髓,最终将导致全身中毒;高浓度的酚类及其化合物进入人体,会引起急性中毒,甚至造成昏迷和死亡。

20. 氰化物(以 CN^- 计)

氰化物是指带有氰离子(CN^-)或氰基($-CN$)的化合物,根据与氰基连接的元素或基团是有机物还是无机物,可把氰化物分成两类,即有机氰化物和无机氰化物,前者常简称为腈,后者称为氰化物。通常为人所了解的氰化物都是无机氰化物。氰化物广泛存在于自然界中,人类的活动也可导致氰化物的形成。例如,在缺氧的条件下,燃烧或热解丙烯腈等塑料、内燃机的排气以及烟草的烟雾都可向环境中释放出氰化物,这些氰化物可随降水和降尘进入土壤进而进入地下水中。此外,一些垃圾渗滤液的泄漏可影响地下水中氰化物的含量。大多数无机氰化物属剧毒、高毒物质,极少量的氰化物就会使人、畜在很短的时间内中毒死亡。

21．矿物油

矿物油是指由石油所得精炼液态烃的混合物,包括轻质、重质燃料油、润滑油、冷却油等矿物性碳氢化合物。矿物油可漂浮于水体表面,影响空气与水体界面氧的交换;分散在水中、吸附于悬浮颗粒或以乳化状态存在于水中的油也可被水中的微生物氧化分解,消耗水中的溶解氧,使水质恶化。矿物油作为复杂的碳氢化合物,主要包括直链、支链烷烃和烷基取代的环烷烃(MOSH)以及烷基取代的芳香烃(MOAH)两大类,另外还含有极少量无烷基取代的多环芳烃以及含硫、含氮化合物。通过饮食摄入人体内的 MOSH 在人体内的累积量最大,其中 MOSH 含量最高的部位是淋巴结和脾脏。MOSH 具有低等到中等毒性,如果长期食用被 MOSH 污染的食品,将会给人体的健康带来巨大的损害。

22．阴离子合成洗涤剂

阴离子合成洗涤剂是指在水中电离后起表面活性作用的部分带负电荷的表面活性剂,通常主要成分是阴离子表面活性剂——烷基苯磺酸钠,其化学性质稳定,不易降解和消除。阴离子合成洗涤剂常作为洗涤剂、润湿剂、乳化剂、发泡剂和分散剂广泛使用,其中未经处理的生活污水排放是此类物质进入地下水的主要途径。此外,各类工厂如纺织、印染、造纸等行业废水中都含有大量的阴离子表面活性剂,易随污水排到河水或地下水中。水中阴离子合成洗涤剂的浓度过高时会使水起泡和具有异味。毒性试验表明,阴离子合成洗涤剂的毒性很低,一般不表现毒性作用,人体摄入少量未见有害影响。

23．^{226}Ra 放射性

^{226}Ra 源是 α 辐射体,放射 α 粒子的同时伴随 γ 射线。α 粒子的射程很短,正常密封情况下衰变不会对环境及人体造成外照射危害。但衰变过程中伴随的 γ 射线可造成人体的外照射损伤。环境中的镭主要存在于地球沉积物中,由于生态系统

的物质流动和循环,在土壤、水和生物圈也能检测出一定量的镭。镭在生态系统中分布广泛而不均匀,在个别具有特殊地质结构的地区,环境介质中的^{226}Ra的含量可达异常高的水平。地表水中的镭浓度比大多数地下水低,溶解的镭很快吸附在固体上,不会由它释放的地方向地下水迁移很远。^{226}Ra可以经呼吸道、胃肠道、皮肤及伤口进入体内。^{226}Ra在体内主要贮存于骨组织中,软组织中只占少部分。镭引起的急性损伤效应即所谓的镭中毒主要表现为外周血象的变化,造血系统、骨骼系统和生殖系统的损伤。肝、肺、肾和肠道亦有一定程度的损伤。血象变化极为明显,而且出现较早,主要表现为贫血、血红蛋白和血液有形成分明显下降,外周血液的变化与镭注入量有密切关系。从事镭生产的工作人员,一般不会发生镭的急性损伤效应,只有在某些特殊情况下才会遇到人的急性损伤事例。镭致远后期的确定性效应主要是骨髓增生、多发性骨髓炎、骨骼病理性骨折、骨质疏松、牙骨坏死、骨小梁周围形成非典型骨组织而使松质骨出现密度增生区、致密骨无菌性坏死、哈氏管被非典型增生的骨组织堵塞等。

24. 总 β 放射性

总 β 放射性是指水样中除^{3}H、^{14}C、^{35}S 和^{241}Pu 以外的所有天然和人工放射性核素的 β 辐射体总称。水的放射性物质可来自岩石、土壤的溶滤、大气降尘及废水的排放。地下水中含有的 6 种放射性核素(^{3}H、^{90}Sr、^{129}I、^{137}Cs、^{226}Ra、^{289}Pu),除^{226}Ra主要是天然来源外,其余都是工业或生活污染源排放的。β 放射性核素对人体的作用是一个比较复杂的过程,它通过直接或间接的电离作用,使人体的分子发生电离或者激发,使水分子产生多种自由基和活化分子,严重的可导致细胞或机体损伤甚至死亡。当然,电离辐射对人体的作用过程是"可逆转"的,人体自身具有修复功能,这种修复能力的大小与个体素质的差异有关,也与原始损伤程度有关,所以,一定要控制人体所受剂量的大小。

三、污染物限量指标

1. 铅

水环境中铅的来源可分为天然来源和人为来源。天然来源有地壳岩石风化、海底火山喷发、陆地径流等;人为来源有矿山开发、冶金、电镀、仪表、颜料等工农业污水,海上油井开采以及汽车尾气排放等。溶解在水中的铅和铅的化合物在各种作用下,进入河流、湖泊和海洋等水体中,其中饮用水中的铅主要来自河流、岩石、土壤和大气降尘。天然条件下,地下水中的铅浓度一般很低。地下水中的铅主要来自人为活动如矿山开采、冶炼、橡胶、蓄电池、染料、印刷、陶瓷、铅玻璃、焊锡、电缆及铅管等,含铅的工业废水、废渣的排放以及含铅农药的使用能严重污染局部地表水及地下水。铅是一种具有积累性的有毒物质,长期接触铅会引起严重的健康问题。当成人血铅质量浓度达到 $100\sim120\,\mu g/dL$,儿童达到 $80\sim100\,\mu g/dL$ 时,可能引起急性中毒症状,包括迟钝、烦躁不安、易激动、注意力不集中、头痛、肌肉震颤、痉挛、肾损伤、幻觉、失去记忆和脑病等。接触铅 $1\sim2\,a$,血铅质量浓度达 $50\sim80\,g/dL$ 的情况下可能引起慢性中毒、疲劳、失眠、易激动、头痛、关节痛和胃肠症状。许多研究已经证实,铅可能引起肾脏损伤以及中枢和外周神经系统病变,从而导致神经行为改变。

2. 镉

镉在自然界中不常见,主要以硫镉矿存在,也有少量存在于锌矿、铅锌矿和铜铅锌矿石中。由于土壤、水体悬浮物和沉积物对镉表现出较强的亲和力,可蓄积较高含量的镉,镉通常难以迁移进入地下水,因此,天然条件下地下水中的浓度一般很低。人为活动如采矿、冶金、电镀、玻璃、陶瓷、塑料等工业生产排出的废水入渗可引起地下水镉污染。此外,农业化肥的过量使用而使土壤中含有较高浓度的镉,这些镉可能通过淋滤而影响地下水中的镉含量;煤炭中含有一定数量的镉,随着煤炭的燃烧会变成烟气中的粉尘被释放到环境中,随着降水和降尘落入地表进而渗漏至地下。镉在水体中的迁移能力取决于存在形态和所处的环境化学条件,一般酸性环境能使镉的难溶态溶解以及配合态离解,导致以离子态存在的镉增多从而利于迁移。

3. 汞

汞是地壳中含量较低的一种元素,极少数的汞在自然中以纯金属的状态存在,朱砂(HgS)、氯硫汞矿、硫锑汞矿和其他一些与朱砂相连的矿物是汞最常见的矿藏。由于土壤中含有的黏土矿物和有机质对汞有强烈的吸附作用,汞进入土壤后95%以上能迅速被土壤吸收或固定。因此,汞易累积在土壤中,而天然地下水中汞的浓度一般很低。但是,如果遭到人为污染,其浓度可出现明显增高。汞主要用于制造工业化学品或电气和电子产品,有些汞的化合物还被用作防腐剂和其他产品。通过填埋或焚烧含汞产品,例如汽车零部件、电池、荧光灯等,可将汞的化合物释放到环境中,这些化合物可随降水和降尘进入土壤进而进入地下水中。

4. 砷

地下水中的砷既有天然来源,也有人为污染来源。自然界中,砷主要以硫化物或金属的砷酸盐、砷化物等形式存在,常见矿物有雄黄(As_4S_4)、雌黄(As_2S_3)、黄铁矿($FeAsS$)等,无论何种金属硫化物矿石中都含有一定量砷的硫化物。这些矿物的风化溶解是地下水中砷的主要天然来源。地下水中砷的人为污染来源包括冶炼矿渣、染料、制革、制药、农药等企业的废渣或废水排放,以及泄漏、火灾等意外事故等。砷在天然水中的浓度通常为 $1\sim2\ \mu g/L$,某些特殊地区会形成一些砷含量比较高的地下水。长期通过饮水、空气或食物摄入过量的无机砷,会引起以皮肤色素脱失和过度沉着、掌跖角化及癌变为主的全身性的慢性中毒,这种具有地方区域特征的地方性砷中毒简称地砷病,是一种严重危害人体健康的地方病。除致皮肤改变外,无机砷还是国际癌症研究中心确认的人类致癌物,可致皮肤癌、肺癌,并伴有其他内脏癌高发。

5. 锡

锡是一种金属元素、无机物,普通形态的白锡是一种有银白色光泽的低熔点金属,在化合物中是二价或四价,常温下不会被空气氧化,自然界中主要以二氧化物(锡石)和各种硫化物(例如硫锡石)的形式存在。在空气中锡的表面生成二氧化锡保护膜而稳定,加热下氧化反应加快。锡与卤素加热下反应生成四卤化锡,也能与硫反应,锡对水稳定,能缓慢溶于稀酸,较快溶于浓酸中。锡能溶于强碱性溶液,在氯化铁、氯化锌等盐类的酸性溶液中会被腐蚀。人体内缺乏锡的症状很少,但人体内缺乏锡会导致蛋白质和核酸的代谢异常,阻碍生长发育,尤其是儿童,严重者会患上侏儒症。人们食入或者吸入过多的锡,就有可能出现头晕、腹泻、恶心、胸闷、呼吸急促、口干等不良症状,并且导致血清中钙含量降低,严重时还有可能引发肠胃炎。而工业中的锡中毒,则会导致神经系统、肝脏功能、皮肤黏膜等受到损害。

6. 硝酸盐

硝酸盐是指硝酸根离子(NO_3^-)形成的盐。地下水中的硝酸盐主要是以 NO_3^- 的形式存在。地下水中硝酸盐来源既包括天然的,也包括人为的。天然条件下,动植物的遗体排泄物和残落物中的有机氮被微生物分解后形成氨,可在降水淋滤作用下进入水环境,并在微生物的作用下进一步转化为硝酸盐。天然条件下,地下水中的硝酸盐(以 N 计)一般不超过 10 mg/L,但是受到污染的地下水,其含量可以明显上升。人为来源包括各种含氮污染物,如生活污水、工业废水、垃圾渗滤液、化肥、人畜粪便等,它们通过降水淋滤或者渗漏等途径进入地下水环境,条件适宜时,不同形式的含氮污染物就会在微生物的作用下转化成硝酸盐。目前,硝酸盐污染已成为世界上多数国家最为普遍的地下水污染。由于植物、霉菌、人的口腔和肠道细菌有将硝酸盐转化为亚硝酸盐的能力,因此,硝酸盐往往表现为亚硝酸盐的毒性。大量摄入硝酸盐和亚硝酸盐可诱导高铁血红蛋白血症,临床表现为口唇、指甲发绀,皮肤出现紫斑等缺氧症状,可致死亡。该病经常发生在饮用水中硝酸盐含量较高的地区,而且多发于婴儿。该病主要是由于人体内大量的亚硝酸盐与血液中的血红蛋白结合,使高铁血红蛋白含量上升,因高铁血红蛋白不能与氧结合,导致缺氧的发生。

7. 亚硝酸盐

亚硝酸盐是指亚硝酸形成的盐,含有亚硝酸根离子(NO_2^-)。水环境中的亚硝酸盐通常是氨转化成硝酸盐的硝化过程以及硝酸盐反硝化过程的中间产物。氨氮在硝化过程中以及硝酸盐在反硝化过程中,一旦受阻反应不彻底,就会产生亚硝酸盐的积累。因此,地下水中亚硝酸盐的来源有很多,包括各种含氮污染物通过降水淋滤或者渗漏进入地下水环境条件适宜时,不同形式的含氮污染物就会在微生物的作用下转化成亚硝酸盐氮。亚硝酸盐是剧毒物质,成人摄入 0.2~0.5 g 即可引起中毒,3 g 即可致死。亚硝酸盐同时还是一种致癌物质,很多人倾向于认为它是形成致癌物——亚硝胺的前体。目前比较公认的致癌机理是在胃酸等环境下亚硝酸盐与食物中的仲胺、叔胺和酰胺等反应生成强致癌物亚硝胺。亚硝胺还能够通过胎盘进入胎儿体内,对胎儿有致畸作用,6 个月以内的婴儿对亚硝酸盐特别敏感,临床上患"高铁血红蛋白症"的婴儿即食用亚硝酸盐或硝酸盐浓度高的食品引起的,症状为缺氧,甚至死亡。

四、微生物限量指标

1. 大肠菌群

大肠菌群指的是具有某些特性的一组与粪便污染有关的细菌,这些细菌在生化及血清学方面并非完全一致,一般认为该菌群细菌包括大肠杆菌、枸橼酸杆菌、产气克雷伯菌和阴沟肠杆菌等。大肠菌群是作为粪便污染指标菌提出来的,主要是以该菌群的检出情况来表示矿泉水中是否有粪便污染,大肠菌群数的高低表明了粪便污染的程度,也反映了对人体健康危害性的大小。粪便是人类肠道排泄物,其中有健康人的粪便,也有肠道患者或带菌者的粪便,所以粪便内除一般正常细菌外,同时也会有一些肠道致病菌存在(如沙门氏菌、志贺氏菌等),因而矿泉水中有粪便污染,则可以推测该矿泉水中存在着肠道致病菌污染的可能性,潜伏着食物中毒和流行病的威胁,对人体健康具有潜在的危险性。

2. 粪链球菌

粪链球菌又叫粪肠球菌,是革兰氏阳性、过氧化氢阴性球菌,为条件致病菌,它来源于人和温血动物的粪便,目前该菌多作为生活饮用水和其他一些水质的指示菌。卫生学家认为,肠球菌类似于大肠菌群的生态活动,但其对恶劣的外环境和冷冻条件具有较强的抵抗力,作为监测水质卫生、环境卫生质量的污染指标更具有卫生学意义。

3. 铜绿假单胞菌

铜绿假单胞菌原称绿脓杆菌,在自然界分布广泛,为土壤中存在的最常见的细菌之一,各种水、空气、正常人的皮肤、呼吸道和肠道等都有本菌存在。本菌存在的重要条件是潮湿的环境,是一种常见的条件致病菌,属于非发酵革兰氏阴性杆菌。患代谢性疾病、血液病和恶性肿瘤的患者,以及术后或某些治疗后的患者易感染本菌,引起术后伤口感染,也可引起褥疮、脓肿、化脓性中耳炎等。本菌引起的感染病灶可导致血行散播,而发生菌血症和败血症,烧伤后感染了铜绿色假单胞菌可造成死亡。

4. 产气荚膜梭菌

产气荚膜梭菌属厌氧性细菌,但对厌氧程度的要求并不太严,本菌广泛存在于土壤、人和动物的肠道以及动物和人类的粪便中,会散发臭味。对消毒过程和其他不良环境条件有强抵抗力,作为粪便污染的指标。产气荚膜梭菌既能产生强烈的外毒素,又有多种侵袭性酶,并有荚膜,构成其强大的侵袭力,引起感染致病。该菌能引起人类多种疾病,其中最重要的是气性坏疽。

第二节　微量元素与人体健康

人体中含有 50 多种微量元素。这些微量元素是肌体多种酶的重要组成成分，参与合成激素和维生素的结构，起着特异的生理功能。微量元素在体内可以调节渗透压、离子平衡和酸碱度，以维持人体的正常生理功能。核酸是遗传信息的携带者，而核酸中含有相当多的微量元素，如铬、铁、锌、铜、锰、镍等，它们能影响核酸代谢。所以，微量元素在遗传中起着重要的作用。

国内外医学和营养学家对微量元素抗衰老作用的关注日益密切。他们对微量元素参与各种酶、激素、维生素的代谢作用而防衰老的机理进行深入探讨。人体内有数百种酶含铁、铜、锌、锰和硒，甲状腺素含碘，维生素 B_{12} 含钴，细胞色素含铁等。它们在体内大幅度变动，会使代谢异常，导致肌体病变及遗传变化，我们可以将其对人体健康的影响分为三类。第一类是人体健康必需的、对肌体的生理及生化反应起特定作用的常量和微量元素，如钾、钠、钙、镁、铁、锂、锰、铜、锌、镍、铬、钴、硒、钒、铂、碘、硅、锡等，它们过量或不足均对人体健康不利。第二类是人体中确实存在、但生理功能尚不明确的元素，如硼、铝、钛、锆等。第三类是对人体健康有害的重金属元素，如铅、镉、汞、砷、铬、铍、铊、钡等，它们不能被微生物降解，而以食物链形式逐级富集于生物体内，并转化为毒性大的有机化合物。

人体若缺少某种宏量元素，如钙，对人体的正常发育会有严重影响，同样，人体若缺少某种必需微量元素，也会影响人体健康，如碘的缺乏会引起甲状腺肿病，氟的缺乏会导致龋齿以及老年性骨质疏松等。因此，人体所需的宏量元素与微量元素的补充、更新，一靠进食，二靠饮水。医院对于某种元素严重缺乏引起的病症，常常直接给病人输入该种元素的补充剂，矿泉水正是日常生活中一种很好的食用微量元素补充剂。儿童和青少年、中老年男士、女士缺乏维生素及矿物质的现象如图 2.1～图 2.3 所示。

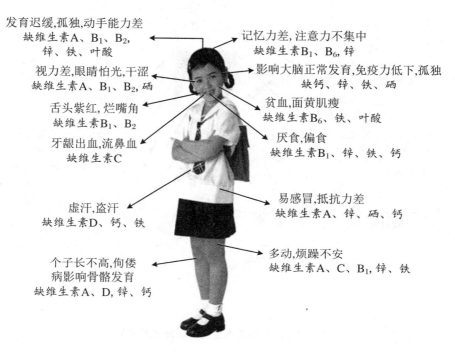

发育迟缓,孤独,动手能力差
缺维生素A、B₁、B₂,
锌、铁、叶酸

视力差,眼睛怕光,干涩
缺维生素A、B₁、B₂,硒

舌头紫红,烂嘴角
缺维生素B₁、B₂

牙龈出血,流鼻血
缺维生素C

虚汗,盗汗
缺维生素D、钙、铁

个子长不高,佝偻
病影响骨骼发育
缺维生素A、D,锌、钙

记忆力差,注意力不集中
缺维生素B₁、B₆,锌

影响大脑正常发育,免疫力低下,孤独
缺钙、锌、铁、硒

贫血,面黄肌瘦
缺维生素B₆、铁、叶酸

厌食,偏食
缺维生素B₁、锌、铁、钙

易感冒,抵抗力差
缺维生素A、锌、硒、钙

多动,烦躁不安
缺维生素A、C、B₁,锌、铁

图2.1　儿童、青少年缺乏维生素及矿物质的现象

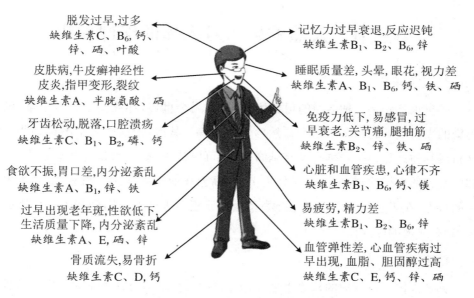

脱发过早,过多
缺维生素C、B₆,钙、
锌、硒、叶酸

皮肤病,牛皮癣神经性
皮炎,指甲变形,裂纹
缺维生素A、半胱氨酸、硒

牙齿松动,脱落,口腔溃疡
缺维生素C、B₁、B₂,磷、钙

食欲不振,胃口差,内分泌紊乱
缺维生素A、B₁,锌、铁

过早出现老年斑,性欲低下,
生活质量下降,内分泌紊乱
缺维生素A、E,硒、锌

骨质流失,易骨折
缺维生素C、D,钙

记忆力过早衰退,反应迟钝
缺维生素B₁、B₂、B₆,锌

睡眠质量差,头晕,眼花,视力差
缺维生素A、B₁、B₆,钙、铁、硒

免疫力低下,易感冒,过
早衰老,关节痛,腿抽筋
缺维生素B₂、锌、铁、硒

心脏和血管疾患,心律不齐
缺维生素B₁、B₆,钙、镁

易疲劳,精力差
缺维生素B₁、B₂、B₆,锌

血管弹性差,心血管疾病过
早出现,血脂、胆固醇过高
缺维生素C、E,钙、锌、硒

图2.2　中老年男士缺乏维生素及矿物质的现象

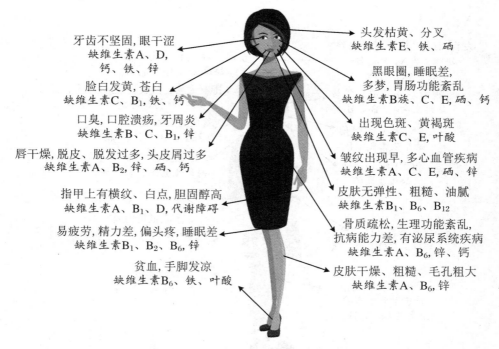

牙齿不坚固,眼干涩
缺维生素A、D,
钙、铁、锌

脸白发黄,苍白
缺维生素C、B₁,铁、钙

口臭,口腔溃疡,牙周炎
缺维生素B、C、B₁,锌

唇干燥,脱皮、脱发过多,头皮屑过多
缺维生素A、B₂,锌、硒、钙

指甲上有横纹、白点,胆固醇高
缺维生素A、B₁、D,代谢障碍

易疲劳,精力差,偏头疼,睡眠差
缺维生素B₁、B₂、B₆,锌

贫血,手脚发凉
缺维生素B₆、铁、叶酸

头发枯黄、分叉
缺维生素E、铁、硒

黑眼圈,睡眠差,
多梦,胃肠功能紊乱
缺维生素B族、C、E,硒、钙

出现色斑、黄褐斑
缺维生素C、E,叶酸

皱纹出现早,多心血管病
缺维生素A、C、E,硒、锌

皮肤无弹性、粗糙、油腻
缺维生素B₁、B₆、B₁₂

骨质疏松,生理功能紊乱,
抗病能力差,有泌尿系统疾病
缺维生素A、B₆,锌、钙

皮肤干燥、粗糙、毛孔粗大
缺维生素A、B₆,锌

图2.3 女士缺乏维生素及矿物质的现象

第三节 天然矿泉水对人体的保健作用

矿泉水首先是一种洁净的可饮用的水,在当今世界,环境污染日益严重,没有污染的来自地下的矿泉水是大自然珍贵的恩赐。其次,天然矿泉水不像某些果汁饮料或其他饮品,它不含糖,没有刺激作用,可以认为,矿泉水是健美运动员、孕妇和旅游者的理想饮料,也适合重体力劳动、高温作业工人饮用。当然,矿泉水更突出的特点,在于利用其含有的化合物及微量元素对人体产生药理和生物作用的结果,具有显著的医疗保健作用。

1. 钙

钙是人体不可或缺的营养素之一,如果没有钙,就不会有生命的产生。从骨骼形成、肌肉收缩、心脏跳动、神经以及大脑的思维活动,以至人体的生长发育和延缓衰老等,生命的一切运动都离不开钙。人体每天需摄入约1 100 mg钙。缺钙易得佝偻病、骨质疏松症、心血管病等。矿泉水中钙含量较多且比例适当,易被人体小肠吸收进入细胞外液,并沉积于骨组织内。因此,含钙矿泉水是人体获得钙的便捷钙源。

2. 镁

镁在人体内的总量约为 25 g,是人体不可缺少的微量元素之一。镁几乎参与人体所有的新陈代谢过程,在细胞内它的含量仅次于钾。镁影响钾、钠、钙离子细胞内外移动的"通道",并有维持生物膜电位的作用。镁能激活许多酶,有促进细胞内新陈代谢、调节神经活动、预防心血管病等功效。人体每日需摄入镁约 310 mg,缺镁易引发心血管疾病,现代医学证实,镁对心脏活动具有重要的调节作用,若体内镁含量不足,会影响酶的调节,将使细胞内不断地涌入钠及钙,致使局部血管收缩、腔管变窄、血压上升,易发生脑卒中和心肌梗死。不仅如此,美国癌症研究所的伯格博士通过大量研究证实,缺镁还会增加癌症的发病率。

3. 钾

钾是人体细胞内液的主要离子,对细胞内液的渗透压、酸碱平衡的维持具有重要作用,能激活一些酶,能保持神经肌肉兴奋,维持细胞新陈代谢。人体每日需摄入钾约 3 300 mg,缺钾不仅会导致人的精力和体力下降,而且人的耐热能力也会降低,感到倦怠无力。严重缺钾时,可导致人体内酸碱平衡失调、代谢紊乱、心律失常、全身肌肉无力、易怒、恶心、呕吐、思维混乱、精神冷漠等症状。

4. 钠

钠是机体组织和体液的固有成分,对维持细胞系统和调节水盐平衡起着重要作用。钠是肌肉收缩、调节心血管功能和改善消化系统功能不可缺少的元素,钠离子还是构成人体体液的重要成分,人的心脏跳动离不开体液,所以人体每天需摄入一定量的钠离子,同时经汗液、尿液中又排出部分钠离子,以维持体内钠离子的含量基本不变,这就是人出汗或动手术后需补充一定量食盐水的原因。人体每日需摄入钠约 4 400 mg,人体内钠过多,易使血压升高,心脏的负担加重。因此,凡心脏病、高血压患者,忌食过多的食盐($NaCl$),若人体内钠过少,则血液中钾的含量就会升高(血钾高),升高到一定程度后也会影响心脏的跳动。体内钠元素对肾也有影响,肾炎患者体内钠不易排出,如果再过多摄入钠(食盐),病情就可能加重。因此,肾炎患者应少摄入食盐。

5. 铁

铁是人体内不可缺少的微量元素。在十多种人体必需的微量元素中铁无论在重要性还是在数量上都居于首位。铁参与人体内血红蛋白、细胞色素及各种酶的合成,激发辅酶 A 等多种酶的活性,一个正常成年人每天从饮食和水中必须摄入约 15 mg 铁才能满足需要,因为铁的吸收率只有摄入量的 5%。若人体内缺铁,会发生缺铁性贫血、免疫功能障碍和多种新陈代谢紊乱。缺铁可导致智商低下、反应差、易怒不安、注意力不集中;缺铁也会影响肌肉、黏膜功能和消化系统功能等,使人免疫力降低,易患病。

6. 锶

锶是人体必需的微量元素。人体所有的组织中都含有锶,人体中 99% 的锶集中在骨骼中。锶在人体中的主要功能是参与骨骼的形成,与心脏、血管的功能有间接的关系,它的作用机制是通过肠道内锶与钠离子的竞争,减少肠道对钠的吸收,增加钠的排泄。因此,锶的适量摄入有预防心血管疾病的作用。锶还与神经和肌肉的兴奋有关,副甲状腺功能不全等原因引起的抽搐病人,不仅缺钙,而且还缺锶。因此,临床上曾经用各种锶化合物治疗荨麻疹和副甲状腺功能不全引起的抽搐症。人体每日需摄入锶约 1.9 mg,缺锶会阻碍人体的新陈代谢以及骨骼的生长。

7. 偏硅酸

偏硅酸在天然矿泉水中有较高的含量,是生物体必需的元素组分,也是矿泉水中特征性的组分。我国饮用天然矿泉水中,偏硅酸型矿泉水占多数。硅以偏硅酸形式存于水中,易被人体吸收;硅分布于人体关节软骨和结缔组织中,在骨骼钙化过程中具有生理上的作用,促进骨骼生长发育;硅还参与多糖的代谢,是构成一部分葡萄糖氨基多糖羟酸的主要成分;硅与心血管病有关。据统计,含硅量高的地区冠心病死亡率低,而含硅量低的地区冠心病死亡率高。硅可软化血管,缓解动脉硬化,对甲状腺肿、关节炎、神经功能紊乱和消化系统疾病有防治作用。此外,偏硅酸对各类无机铝盐有良好的吸附沉降作用,使它不被人体吸收,因而有排除毒素、保护人体健康的作用,人体每日需摄入硅约 3 mg。

8. 锂

锂在人体内的含量约为 2.2 mg。锂能改善造血功能,提高人体免疫机能。锂对中枢神经活动有调节作用,能使人保持镇静,控制神经紊乱;锂可置换替代钠,防治心血管疾病;锂在一般地下水中含量很低,而在某些天然矿泉水中含量较高,是一些锂型矿泉水达标的特征元素。锂在人体内的主要生理功能是在肠道、体液和细胞内与钠离子竞争,从而减少人体对钠的吸收,调节体液电解质平衡。此外,锂对中枢神经活动有一定的调节作用,能安定情绪,所以可以用锂盐来治疗狂躁性神经病,我国不少城市和地区的医生把它应用于临床,都显示了良好的效果。锂还有生血刺激作用,改善造血功能,使中性白细胞增多和吞噬作用增强。人体每日需摄入锂 0.1 mg 左右,缺锂会导致造血功能和人体免疫机能降低,中枢神经活动控制紊乱。

9. 锰

锰是人体中多种酶系统的辅助因子,它参与造血过程和脂肪代谢过程,具有促生长、强壮骨骼、防治心血管疾病的功能。锰有"长寿金丹"之美誉。有关调查资料表明,新疆是我国百岁老人最多的地区,其原因是这些长寿老人均生活在富含微量元素锰的红黄土地带,他们体内的锰含量高于一般人的 6 倍。人体每日需摄入锰约 4.4 mg,缺锰会导致肌肉抽搐、儿童生长期疼痛、眩晕或平衡感差、痉挛、惊厥、膝盖疼痛及关节痛,引起精神分裂症、帕金森氏病和癫痫。

10. 锌

锌是人体不可缺少的微量元素之一。锌是人体 70 多种酶的重要组成成分,参与核酸和蛋白质的合成,还具有抗氧化功效,阻止过氧化脂生成,可与生物膜上类脂的磷酸根和蛋白质上的巯基结合,形成稳定复合物以维持生物膜的稳定性,达到抗衰老作用。锌能促进生长发育,对婴儿更为重要,能增加机体免疫力和性功能,还能增加创伤组织再生能力,使受伤和手术部位愈合加快。锌能使皮肤更健美,使人变得更聪明,还能改善味觉,增加食欲,被誉为"生命的火花""智慧元素"。人体每日需摄入锌约 14.5 mg。人体内严重缺锌可导致死亡,儿童缺锌会影响发育,严重者身材矮小、智力迟钝,甚至丧失生殖能力。缺锌也会导致味觉和嗅觉不灵敏、痤疮或皮肤分泌油脂多、肤色苍白、抑郁倾向、缺乏食欲等。

11. 铜

铜在人体内以铜蛋白形式存在,具有造血、软化血管、促进细胞生长、增强骨骼、加速新陈代谢、增强防御机能的作用。人体每日需摄入铜约 1.3 mg,缺铜能使血液中的胆固醇增高,导致冠状动脉粥状硬化,形成冠心病,引起白癜风、白发等黑色脱色病,甚至双目失明、贫血。铜含量过多可导致精神分裂症、心血管疾病,并增加患风湿性关节炎的可能。

12.硒

医学研究表明硒是人体内谷脱甘肽过氧化酶的主要成分,参与辅酶的合成,保护细胞膜的结构。硒能刺激免疫球蛋白及抗体的产生,增强体液和细胞免疫力,有抗癌作用。硒还有抗氧化的作用,使体内氧化物脱氧,具有解毒作用,能抵抗和降低汞、镉、铊、砷的毒性,提高视力。人体每日需摄入硒约 0.068 mg,缺硒是患心血管病的重要原因之一,缺硒也会导致免疫力下降。但是,硒的过量摄入会引起中毒。因此,我国饮用天然矿泉水标准把硒的含量范围限制得很窄,即硒含量为 0.01~0.05 mg/L 的深循环矿泉水才算硒矿泉水。因此,常饮矿泉水可补充机体对硒的需要,有益健康。

13.溶解性总固体

水中溶解性总固体又称矿化度,是水中阴阳离子等无机可溶性固体组分的总和。它是水中矿物质含量的综合性指标,主要由钙、镁、钠、钾等阳离子和重碳酸根、硫酸根、氯化物等阴离子及溶解性二氧化硅等组成。矿物质含量较高的矿泉水,可以补充人体对常量组分钠、钾、钙、镁离子的需要,对调整人体电解质平衡有一定意义。矿物质含量高的矿泉水中,人体必需的微量元素一般也相对较高。而且某些溶解性总固体含量较高的硬水对防治高血压和心血管系统疾病也有一定的积极作用。

14.钼

钼是人体黄嘌呤氧化酶、醛氧化酶等的重要成分,参与细胞内电子的传递,能影响肿瘤的发生,抑制病毒在细胞内繁殖,具有防癌作用,还参与毒醛类的新陈代谢。钼可溶解肾结石并帮助排出体外。人体每日需摄入钼约 0.34 mg,缺钼会出现呼吸困难和神经错乱的症状。

15.碘

碘是甲状腺素中不可缺少的元素。碘具有促进蛋白质合成,活化多种酶,调节能量转换,加速生长发育,促进伤口愈合,保持正常新陈代谢的重要生理作用。人体每日需摄入碘约 0.2 mg,碘主要以碘化物形式存在,是最早发现的人体必需的微量元素。甲状腺肿大(俗称"大脖子病")与食物中缺乏碘有关,研究表明,正常成年人体内含碘 25～36 mg,其中大约有 15 mg 集中分布在仅 20～30 g 重的甲状腺内,其余的广泛分布在血液、肌肉、肾上腺、皮肤、中枢神经系统和女性卵巢等处。缺碘使人体内甲状腺素合成受障碍,会导致甲状腺组织代偿性增生(颈部显示结节状隆起),即地方性甲状腺肿。它严重影响患者健康,在重病区患者后代中出现智力低下、聋哑矮小、形如侏儒的克汀病人。摄碘过多也会出现甲状腺肿和甲状腺癌。目前国内食用盐基本都对碘含量做出统一要求,《饮用天然矿泉水》也对碘含量做出严格的限制,长期饮用碘型矿泉水对防治甲状腺肿大和克汀病、提高国民身体素质有重大意义。

16. 钴

钴是人体内维生素和酶的重要组成部分,其生理作用是刺激造血,参与血红蛋白的合成,促进生长发育。人体每日需摄入钴约 0.39 mg,缺钴会引起巨细胞性贫血,并影响蛋白质、氨基酸、辅酶及脂蛋白的合成。缺钴也可导致心血管病、神经系统疾病和舌炎、口腔炎等。

17. 镍

镍在人体的主要功能是刺激生血机能,促进红细胞再生,降低血糖。人体每日需摄入镍约 0.6 mg,缺镍容易得皮炎、支气管炎等。

18. 铬

铬能协助胰岛素发挥生理作用,维持正常糖代谢,促进人体生长发育。铬对于葡萄糖的类脂代谢及一些系统中的氨基酸的利用是非常必需的。人体每日需摄入铬约 0.25 mg,缺铬易导致胰岛素的生物活性降低而引起糖尿病,摄入适量铬可使 Ⅱ 型糖尿病和低血糖患者的血糖正常化;铬能调节脂肪代谢与胆固醇代谢,使胆固醇氧化物不能沉淀于血管壁上,这样便可防止动脉粥状硬化的发生。但是,铬是毒性元素,尤其是六价铬毒性更大,在天然矿泉水中必须加以限量。

19. 溴

溴对人体的中枢神经系统和大脑皮层的高级神经活动有抑制作用和调节作用,可安神。溴广泛应用于治疗神经官能症、自主神经紊乱、神经痛和失眠等疾病。人体每日需摄入溴约 7.5 mg,长期饮用含溴矿泉水可满足人体中溴的代谢需求,有利于身体健康。

20. 氟

氟是形成坚硬的骨骼和牙齿必不可少的元素,它以氟化钙的形式存在,对骨骼和牙齿的健康生长起到重要作用,能影响生长发育。人体每日需摄入氟约 2.4 mg,缺氟可增加龋齿发生率,导致骨质疏松。适当的氟是人体所必需的,但过量的氟则对人体有危害,可致急、慢性中毒。当岩石、土壤中含氟量过高,容易造成饮水和食物中含氟量增高而引起氟斑牙、氟骨症等地方性氟中毒。

21. 碳

碳是人体必需的微量元素。富含游离二氧化碳在 250 mg/L 以上的天然矿泉水称为碳酸矿泉水,是大自然赐予的天然汽水。饮用碳酸矿泉水能增进消化液的分泌、促进胃肠蠕动、助消化、增强食欲;还可提高肾脏水分排出的能力,起到洗涤组织和利尿作用,因此对治疗消化道肠胃病、胃下垂、十二指肠溃疡、慢性肝炎、便秘、胆结石、肾盂肾炎、支气管炎等都具有较好疗效。缺碳易产生消化道肠胃病、胃下垂、十二指肠溃疡、慢性肝炎、便秘、胆结石、肾盂肾炎、慢性喉炎、支气管炎等。

综上所述,矿泉水是一种理想的人体微量元素补充剂,也是十分宝贵的矿产资源。饮用矿泉水中富含硅、锶、锂、锌、硒等特征元素,对人体健康十分有益,它可以补充通常食物中摄入量不足或人体缺乏的微量元素,增强体质,治疗疾病。

实际上肌体的微量元素适应浓度范围较窄,通常以 $\mu g/L$ 计。尽管人体有一定的调节功能以维持微量元素代谢的动态平衡,但是长期微量元素的过量摄入或摄入不足,都可能对肌体产生损害,导致疾病,例如,氟缺乏会导致龋齿,而过量氟的摄入又会引起"氟斑牙"病。微量元素与人体健康有着错综复杂的关系,各微量元素之间存在着协同或拮抗作用,有关专家正在对微量元素与人体健康的关系进行更全面、深入的研究。作为生产企业,在积极开发多种矿泉水的同时,应当严格把关,最大限度地分离或除去有害微量元素,向消费者介绍科学选用矿泉水的商品知识,让矿泉水更好地为人民的健康服务。

第三章 安徽省自然地理与地质条件

第一节 自 然 地 理

一、交通位置

安徽省位于我国东南部,居长江、淮河中下游,东邻江苏、浙江,南连江西,西接河南、湖北,北与山东搭界,属近海内陆省份。全省东西宽 450 km,南北长 570 km,面积为 14.01×10^4 km²。地理坐标:东经 $114°52' \sim 119°39'$,北纬 $29°23' \sim 34°39'$。

安徽省区位条件优越,交通便利。京沪、京九、陇海、符夹、青阜、阜淮、淮南、宁铜、皖赣、宣杭、郑徐等铁路纵横交错,构成了本区内外交通的大动脉,蚌埠、阜阳、合肥、芜湖已分别成为京沪、京九、淮南、皖赣等线上重要的铁路枢纽。公路则以国道和省干公路为骨架,以市、县为中心,形成了较为完善的公路网,省内省外四通八达。水运则以长江、淮河为主线,溯源可至赣、鄂、豫,顺流可直抵苏、沪等地,沿江、沿淮大部分市、县均有河港码头。航空运输则以合肥、黄山为中心与国内各大城市相通。

二、气象

安徽省位处南北气候过渡带。大体以淮河为界,北属暖温带半湿润季风气候区,南为亚热带湿润季风气候区。其主要特征是:气候温和,四季分明,雨量适中,光照充足,无霜期较长。同时,由于受季风影响,冷暖气团交替频繁,天气多变,常有旱、涝、雹、冻等自然灾害出现。全省多年平均气温为 14～17 ℃,南高北低。气温年内变化 1 月最低,7 月最高,1 月平均气温为 -1～4 ℃,7 月平均气温为 27.5～28.4 ℃。全省极端最低气温为 -24 ℃,极端最高气温为 41.3 ℃。全省多年平均降水量为 773.6～2 000 mm,由北向南降水量渐增。淮河以北小于 900 mm,江淮之间为 900～1 000 mm,沿江地区为 1 000～1 500 mm,皖南黄山与大别山腹地是安徽省两大降水中心,多年平均降水量分别高达 2 254 mm、1 600 mm。降水年内分布不均,5～9 月为全省汛期,降水量约占全年降水量的 50% 以上。降水年际变化周期一般为 6～8 年,丰、枯水年降水量可相差 4 倍以上。多年平均蒸发量为 1 000～1 600 mm,自北向南递减,淮河以北地区为 1 400～1 600 mm,淮河以南在 1 000～1 500 mm 范围。

三、水文

安徽省地表水系发育,由北向南分属淮河、长江、新安江三大水系。沿江、沿淮湖泊众多,河网密布,水域辽阔,面积为 5 800 km² 以上。

长江源远流长。安徽省位于长江下游,干流过境长约 401 km,江面宽度一般为 2 km 左右,流域面积为 6.60×10⁴ km²,多年平均流量为 29 500 m³/s(大通站),最小流量为 6 300 m³/s。两岸支流有 40 余条,较大的有秋浦河、青弋江、水阳江、皖河、滁河、裕溪河等。

淮河发源于河南的桐柏山。安徽省位于淮河中游,干流过境长度为 432 km,河面宽约为 0.5 km,流域面积为 6.69×10⁴ km²,多年平均流量为 852 m³/s(吴家渡站),1978 年以来曾数次断流。两岸支流约有 17 条,北部支流多而长,南部支流少而短,形成不对称羽毛状水系,其中以颍河、涡河、史河、潩河、池河等流量较大,属长年性河流,其余诸河均为季节性河流。

新安江源于休宁县境内的怀玉山,境内干流长约为 240 km,流域面积为 0.65×10⁴ km²。多年平均流量为 93.3 m³/s(屯溪站),最大流量为 199 m³/s,最小流量为 48.9 m³/s。主要支流有休宁河、丰乐河、率水、昌溪河等。

全省大小湖泊有 500 余个,较集中地分布于沿江和沿淮一带,淮河南岸多于北岸,长江北岸多于南岸,总面积约为 5 800 km²。巢湖是全省最大的湖泊,面积约为 800 km²。

各河流水文特征受气候条件的制约,与降水的年内分配同步,自南向北汛期逐渐后延。南部诸河汛期一般在 5～8 月,洪峰多出现在 6～7 月;北部诸河汛期多在每年的 6～9 月,洪峰集中出现在 7～8 月。全省汛期河川径流量占年径流总量的比值在淮河以北为 70%～80%,淮河以南为 60%;径流量的年际变化若以最大值与最小值之倍比表示,淮河以北最大可达 25 倍,淮河以南一般为 3.1～7.2 倍。

四、地形地貌

安徽省位于黄淮海平原南缘、秦岭东延余脉、长江中下游平原和江南丘陵北部的交变地带,跨长江、淮河、新安江三大流域。总的地势表现为西高东低、南高北低,平原、丘陵、山地类型俱全。依据地形地貌特征,全省可分淮北平原、江淮波状平原、皖西山地、沿江丘陵平原、皖南山地等五个地貌单元。

1. 淮北平原

位于黄海平原的南部,西、北、东与豫东平原和苏北平原接壤,南临江淮波状平原。除平原北部散有形若"弧岛"的低山、丘陵外,一望无际,坦荡无垠,地势平坦辽阔,由西北向东南缓倾,坡降约为 1/8 000,除局部有海拔 50～300 m 的剥蚀残山分布外,余为海拔为 20～40 m 的平原,面积为 38 151.75 km²,占全省面积的 28%。淮北平原为新近纪以来地壳大幅度间歇性沉降形成的堆积平原。平原面由丰厚的松散堆积物组成,呈现典型的堆积地貌景观。在北部,由于全新世晚期黄河改道和黄河故道南泛的影响,接受了最新沉积,留下了黄泛的特殊地貌景观(本区位于黄河冲积扇的东南前缘部分)。平原南部未受现代黄泛波及,主要由晚更新世亚黏土(夹少量砂姜)组成。点缀在淮北平原之上的低山、丘陵,为淮阴山脉的南沿余脉,山脉走向与区内主要构造线方向一致,呈北北东向。根据区内地貌的组合特征分为北部(故)黄(河)泛滥平原、东北部低山丘陵和中南部河谷与河间平原 3 个亚区。

2. 江淮波状平原

位于黄淮海平原的南部边缘,北临淮北平原,南抵皖西山地,东以池(河)-太(湖)断裂与沿江丘陵平原分野,西与豫东平原接壤,面积为 23 531.92 km²,占全省面积的 17%。地貌形态主要为丘陵和平原。丘陵主要分于北部和南部及零散于平原之上，标高为 100～300 m，其中大金山为 343 m，为本区最高点。江淮波状平原主要为新近纪以来地壳升降交替形成的堆积-侵蚀剥蚀平原。平原主要由第四纪堆积物组成，标高为 20～100 m，厚仅数米至数十米，主要为更新世堆积物直接覆于前第四纪地层之上，形成波状起伏的二级阶地面（基座阶地）。它清楚地反映出一幅侵蚀、剥蚀面貌，阶地面起伏较大，主要为岗坳相间的浅丘状或波状平原。另外在沿淮南侧、浍河东侧展布有晚更新世堆积物形成的一级阶地（内迭阶地）和在较大河谷内由全新世堆积物形成的河漫滩。由于一级阶地面抬升时间不长，剥蚀微弱，阶面平坦，呈平原形态。根据区内地貌组合特征，分为北部丘陵波状平原、中部波状平原、南部丘陵浅丘状平原 3 个亚区。

3．皖西山地

位于安徽省西南部，为大别山脉的东延部分。大别山脉从河南、湖北伸进本区，向东终止于宿松-桐城一线。东与沿江丘陵平原区为邻，北侧大致以金寨-霍山下符桥-舒城军铺一线与江淮波状平原为界。面积为 13 260.50 km²，占全省面积的 9%。自震旦纪以来皖西山地一直处于构造隆起和侵蚀、剥蚀过程，尤以中生代的构造运动上升幅度较大，运动性质兼具间歇性的特点，以致山地内地形发育有多级地形面和多级河谷裂点。最高一级地形面在 1 400 m 以上，其中白马尖为 1 774 m，为安徽省江北最高峰。这些较高的山峰零散分布，凌驾于群山之上，构成皖西山地的主体。200～1 200 m 的山顶面、山脊面在山地内广泛分布，而且在不同的区域内多集中于一定的高程区间。皖西山地主要由新太古代、元古代变质岩和晋宁期、燕山期侵入岩、火山岩组成。皖西山地在长期构造作用过程中，断裂发育，主要为近东西向、北北东向、近南北向。这些断裂的形成与发育控制了山体的展布格局，使山体轮廓主要呈带状或菱形体。以磨子潭断裂为界，两侧地貌形态差别较大，以北为低山丘陵，以南为中山、低山。根据区内地貌组合特征，分为北部低山丘陵和南部中山、低山 2 个亚区。

4．沿江丘陵平原

西北部以池（河）-太（湖）断裂与江淮波状平原和皖西山地为界；东南部为皖南山地，东北部和东部与苏南平原相连。平原区海拔一般多在 20 m 左右，低山丘陵区海拔为 100～500 m。面积为 41 047.11 km²，占全省面积的 29%。本区自北而南分为江北丘陵波状平原、沿江平原和江南丘陵浅丘状平原 3 个亚区。

5. 皖南山地

位于安徽省南部,为江南丘陵的一部分,南界江西、浙江,西至东至查栅桥-青阳一线,北以周王断裂与沿江丘陵平原为界,面积为 23 367.72 km²,占全省面积的 17%。皖南山地由北部的九华山、中部的黄山和南部的天目山山脉组成。地形标高以上述 3 条山脉的核部为轴分别向外围倾斜,除局部海拔低于 500 m 外,一般多在 500~1 000 m,部分山峰在 1 000 m 以上,核部山头标高大部在 1 200 m 以上,其中黄山莲花峰为 1 873 m,为安徽省最高峰。根据地貌组合特征可分为九华山中山低山、黄山中山低山、白际山-天目山中山低山和屯溪-祁门丘陵平原 4 个亚区。

第二节　社会经济概况

安徽省依托自身丰富的自然资源和优越的地理位置,经过多年国民经济建设,工农业体系已基本形成,涌现出一批以煤炭、冶金、机电、建材、食品、酿造、轻纺、化工等为支柱的中等工业城市和以农副产品加工、农机修配、商贸等为主的小型工业城市,奠定了安徽省作为华东乃至全国能源、冶金基地的基础性地位。农业是安徽的传统优势产业,粮、棉、油、麻、茶、烟草、水果等产量在全国占有重要位置。

据《2021 年安徽省国民经济与社会发展公报》,截至 2021 年底,全省常住人口为 6 113 万人,其中城镇人口 3 631 万人、乡村人口 2 482 万人,城镇化率为 59.4%。2021 年,全省实现国内生产总值(GDP)42 959.2 亿元,第一产业增加值为 3 360.6 亿元,第二产业增加值为 17 613.2 亿元,第三产业增加值为 21 985.4 亿元,三次产业结构为 7.8：41.0：51.2,其中工业增加值占 GDP 的比重为 30.45%。全员劳动生产率为 132 467 元/人,人均 GDP 为 70 321 元(折合 10 900 美元)。2021 年末全省就业人员为 3 215 万人,其中,第一产业为 779 万人,第二产业为 1 026 万人,第三产业为 1 410 万人。全年城镇实名制新增就业 70.9 万人,下岗失业人员再就业 26.7 万人,年末城镇登记失业率为 2.46%,全省农民工总量为 1 981.3 万人,其中外出农民工为 1 311.1 万人。2021 年全年社会消费品零售总额为 21 471.2 亿元,按经营地统计,城镇消费品零售额为 17 721.8 亿元,乡村消费品零售额为 3 749.3 亿元。按消费类型统计,商品零售额为 18 550.3 亿元,餐饮收入为 2 920.9 亿元。

2010 年以来,安徽省主动适应引领新常态,加快调结构转方式促升级,推动形成经济社会平稳持续较快发展的良好态势,迈出了打造"三个强省"、建设美好安徽的坚实步伐。在经济社会快速发展的同时,受自然条件和经济水平的制约,安徽省发展不足、发展不优、发展不平衡问题依然突出,创新能力不强,高科技含量、高附加值的工业企业比重较小;现代服务业比重偏低,农业现代化水平不高;产业结构不尽合理,部分以煤炭、钢铁等传统优势行业产能过剩,发展方式较为粗放;资源环境约束趋紧,城乡区域发展差距明显,城镇化水平低等。

从 2016 年起,瓶装饮用水标签标识将分为"包装饮用水"和"饮用天然矿泉水"两大类,矿泉水行业将迎来春天,成为高端饮用水市场主流。安徽省天然矿泉水开发利用程度较低,2014 年产量仅为 21 万 m^3,市场规模不足 5 亿元,与安徽省丰富的矿泉水资源极不相称。事实上,安徽省矿泉水资源丰富,分布广泛,类型齐全,已经发现和评价的矿泉水水源地也有近 150 处,允许开采量可达 66 808.1 m^3/d,潜在市场规模可达 360 亿元以上,几乎占安徽省固体矿产矿业产值的三分之一。中研产业研究院数据显示,我国瓶装水市场规模在 2021 年已突破 2 000 亿元。未来几年,瓶装水市场规模仍将以 8%~9% 的速度增长,2025 年有望突破 3 000 亿元大关。《2023~2028 年中国矿泉水行业发展前景战略及投资风险预测分析报告》显示:我国经评定合格的矿泉水水源有 4 000 多处,允许开采的资源量为 18 亿 m^3/a,目前开发利用的矿泉水资源量约为 0.5 亿 m^3/a,占允许开采量的 3%。

第三节 区域地质条件

一、地层

安徽省地层跨华北、华南两个地层大区,分属三个地层区和五个地层分区(表3.1)。自晚太古代以来,各时代地层发育基本齐全。

表 3.1 安徽省地层区划简表

地层大区	地层区	地层分区	地层小区
华北地层大区	晋冀鲁豫地层区	徐淮地层分区	淮北地层小区
			淮南地层小区
		华北南缘地层分区	
华南地层大区	南秦岭-大别山地层区	桐柏-大别山地层分区	北淮阳地层小区
			岳西地层小区
			肥东地层小区
	扬子地层区	下扬子地层分区	
		江南地层分区	

（一）华北地层大区

前第四纪地层缺失中元古代、中奥陶世-早石炭世、中晚三叠世。晚太古代及早元古代地层主要为变质岩系，见于蚌埠、凤阳和五河一带。晚元古代与早古生代地层主要为海相碳酸盐岩，晚古生代地层为陆相碎屑岩，淮河南北均有分布。中生代地层主要是陆相及火山碎屑岩，出露于江淮波状平原区北部。新生代早第三世地层为盆地相的碎屑岩，主要隐伏于淮北平原西部和江淮波状平原区的中部。

新近纪地层隐伏于淮北平原区中西部，为河流相半胶结状砂及河流湖泊相黏性土，最厚达千余米。区内第四纪地层广泛发育，厚度为数十米至上百米，主要为冲积、冲洪积、湖积的砂层及黏性土层，具多层结构。在淮北平原西部，松散层总厚度最大达 1 300 m。

（二）华南地层大区

位于六安-合肥一线、嘉山-庐江一线以南地区，包括南秦岭-大别山地层区和扬子地层区。

南秦岭-大别山地层区在安徽省仅见有桐柏-大别山地层分区，分布于六安-合肥和磨子潭-晓天镇之间。前第四纪地层发育有上太古界、下元古界的变质岩系和震旦系-寒武系的碳酸盐岩及侏罗系中上统、白垩系、古近系的火山碎屑岩、碎屑岩，主要见于大别山北麓。第四系下、中更新统主要分布于大别山山前及山间，为冲洪积或坡洪积亚黏土，在河谷及其两侧见有上更新统和全新统的亚黏土、亚砂土、砂砾石。

扬子地层区分为下扬子地层分区和江南地层分区,分布于明光-庐江、磨子潭-晓天镇以南。前第四纪地层发育有下元古界的浅变质岩系,震旦系-三叠系的碎屑岩、碳酸盐岩系,侏罗系、白垩系的碎屑岩、火山碎屑岩系,古近系的碎屑岩。第四系下、中更新统主要分布于山前及山间,为冲洪积或坡洪积亚黏土,平原区广泛分布上更新统和全新统的亚黏土、亚砂土。

二、构造

安徽省地跨中朝准地台、秦岭地槽褶皱系和扬子准地台三个一级大地构造单元。各构造单元的构造运动性质和强度在省内有明显差异,大别山-张八岭多旋回叠加隆起区长期遭受剥蚀,中朝准地台区较为稳定,而扬子准地台区则比较活跃。各时期构造运动使全省发育了深切岩石圈的深断裂13条、大断裂29条。深、大断裂在发育方向上有一定的规律性,按其延展方向可分为东西向、北北东向、北东向、近南北向和北西向。

(一)地质构造单元

安徽省地处华北、扬子两大板块交接地带,其间夹有大别山缝合带,即秦岭古海洋板块,三大板块的演化决定了安徽省地质构造发展史与大地构造格局。

(1)中朝准地台:东以郯庐深断裂与扬子准地台为界,南以合肥-六安深断裂同秦岭地槽系相接。基底岩系由晚太古代五河群、霍邱群及早元古代凤阳群构成。根据构造特点,中朝准地台进一步划分为淮河台坳和江淮台隆两个二级构造单元。

(2)秦岭地槽褶皱系:位于安徽省大别山北麓,为秦岭地槽褶皱系的东延部分,仅由一个二级构造单元-北淮阳褶皱带组成。它北邻中朝准地台,东南以郯庐深大断裂为界,是一个典型的多旋回发展的地槽褶皱带。

(3)扬子准地台:位于安徽省东南地区,约占全省面积的一半以上,为中元古代皖南旋回形成的准地台。基底岩系结构较为复杂,主要为晚太古代-元古代浅变质岩系,经皖南运动后固结,转入地台发展阶段。盖层发育良好。可进一步分为淮阳台隆、下扬子台坳和江南台隆三个二级构造单元。

（二）深大断裂

依据安徽省区域地质志,安徽省的深大断裂共有42条。它们在空间上以一定的方位组合有规律地分布,构成了安徽省最具影响的五个断裂。

(1) 东西向断裂系:共13条。其特点是:多旋回活动明显,早期(中元古代皖南前期)多形成深断裂,晚期(晚侏罗纪燕山期以来)以形成大断裂为主;大部分分布在北淮阳褶皱带和中朝准地台内,总体来看,北部比南部发育,西部比东部发育;对大地构造演化有明显的控制作用,深断裂往往是一级构造单元界线,并与中新生代陆相断陷的形成有密切关系,对构造地貌单元的控制亦极为明显。

(2) 北北东向断裂系:共13条。其特点是:安徽省最发育的断裂构造之一,是滨太平洋构造域的典型体现。活动可分为早、晚两期,早期发生于晚侏罗纪至晚白垩纪早期,主要分布于东部,与岩浆活动、成矿作用关系密切;晚期发生于晚白垩世以后,西部最发育。

(3) 北东向断裂系:共12条。其特点是:按形成时期和特点可分为两类,一是典型的"皖浙赣断裂系",方向北东,发生于中元古代皖南期至晚震旦纪-奥陶纪加里东期,强烈活动时间较短;另一是北东东向断裂,没有深断裂,主要发生在晚白垩纪以后。空间分布上自北西往南东深断裂增多,规模渐大,发生时间趋早。典型的"皖浙赣断裂系"对准地台内隆起及坳陷的形成和发展具有明显的控制作用,常成为不同级别构造单元的界线。

(4) 南北向断裂系:仅2条。其特点是:空间分布西部不如东部发育,北部不如南部发育;对晚侏罗纪燕山-新近纪喜马拉雅期岩脉控制作用明显;本省晚侏罗纪早期、中期及白垩纪早期的古火山机构均处在此断裂系中;枞阳、铜陵及荻港等地长江沿南北方向发育可能与其有关。

(5) 北西向断裂系:共2条。其特点是常与北北东向断裂系伴生,分布于皖中地区。燕山、喜马拉雅两期岩浆活动往往受其制约。

三、岩浆岩

安徽省地质历史时期岩浆活动频繁,依序有蚌埠(晚太古代)、凤阳(早元古代)、皖南(中元古代青白口纪)、霍邱(晚震旦世)、印支(晚三叠世)、燕山(晚侏罗世、白垩纪)、喜马拉雅(古近-新近纪)七个构造岩浆旋回。岩浆岩出露面积为 1.3 $\times 10^4$ km²,约占全省面积的十分之一,其中侵入岩占一半以上。

侵入岩岩石类型从超基性岩到酸性岩和碱性岩均有,并以中酸性岩占绝对优势,主要发育于秦岭地槽褶皱系和扬子准地台区。

火山岩主要发育于前震旦纪和中新生代,其中前震旦纪火山岩均已遭受区域变质或混合岩化改造,原岩特征很少保留,或呈夹层出现于同时代地层中。中新生代火山岩主要为安山岩-粗安岩,次为流纹岩、英安岩和粗玄岩,并有少量碱性粗面岩和响岩,主要分布于金寨-舒城、嘉山-来安、沿江和皖南地区。

第四节 区域水文地质条件

根据地下水赋存介质的性质、类别和组合的不同,安徽省可分为松散岩类孔隙含水岩组、碳酸盐岩类裂隙岩溶含水岩组和基岩裂隙含水岩组三大类含水岩组。依据区域地貌、地质构造和水文地质条件,安徽省可分为淮北平原、江淮丘陵、皖西山地、沿江平原丘陵和皖南山地等五个水文地质区。

一、淮北平原水文地质区

位于安徽省北部、黄淮海平原南缘,区内分布有松散岩类孔隙含水岩组、碳酸盐岩类裂隙岩溶含水岩组和基岩裂隙含水岩组。其中,松散岩类孔隙含水岩组几乎遍布全区,按其埋藏条件,分为浅层、中深层和深层含水层组。

(一)松散岩类孔隙含水岩组

1. 浅层孔隙含水层组

地下水主要赋存于第四系全新统、上更新统及部分中更新统地层,含水层底板埋深一般为 40~50 m,含水层一般分为上、下两层,均以粉、细砂为主,其分布与富水性变化受古河道带的控制,呈条带状展布。在古河道带,浅层孔隙含水层组富水性较好,单井涌水量为 800~1 200 m³/d,古河道边缘带或古河间带等其他地区富水性一般,单井涌水量多小于 800 m³/d。水位埋深沿淮一带为 1~2 m,其他地区为 2~5 m。水化学类型以 HCO₃-Ca 或 HCO₃-Ca·Mg 型为主,溶解性总固体多小于 1.0 g/L。水力性质属潜水-微承压水,大气降水是其主要补给来源,地下水动态多表现为降水-蒸发型。该层水是淮北平原农灌与农村居民生活用水的主要水源,开发潜力大。

2. 中深层孔隙含水层组

含水层顶板埋深一般为 40~50 m,岩性为第四系中、下更新统的冲洪积细砂、中砂。在沿淮、怀远明龙山-蒙城一线以西、阜阳以南、以东最为发育。自此向东、向北,含水层粒度由粗变细,厚度变薄。含水层厚度在阜阳一带为 30~50 m,濉溪-宿州一带为 27~40 m,砀山一带为 7~15 m。地下水具承压性,受开采影响,现状承压水头埋深为 2.0~5.0 m。单井涌水量为 500~1 200 m³/d,局部可达 3 000 m³/d 以上,水化学类型多为 HCO₃-Na 型,溶解性总固体小于 1.0 g/L。

3. 深层孔隙含水层组

含水层顶板埋深约为 150 m,岩性为新近系的冲洪积细砂、中粗砂及含泥钙质半胶结砂砾石层。在沿淮、阜阳、颍上、凤台等地含水砂层发育良好,以多层、巨厚、粗粒为特征,大致可分为 150~200 m、200~320 m、320 m 以下三个发育段,累计厚度最大可达 150 m。现水头埋深于涡阳-蒙城-怀远-凤台一线以西普遍大于 5 m。单井涌水量为 300~2 000 m³/d,水化学类型为 HCO₃-Na 型水,局部为 Cl-Na 型,溶解性总固体一般为 0.5~1.0 g/L。

(二)碳酸盐岩类裂隙岩溶含水岩组

裂隙岩溶水集中分布于淮北平原东北部,含水岩组为一套震旦系-奥陶系的碳酸盐岩夹碎屑岩地层。地下水即赋存于碳酸盐岩裂隙、溶隙中,岩溶发育具有明显的不均匀性和各向异性。富水性以下奥陶统马家沟组、萧县组、中寒武统张夏组最佳,余则稍差。裸露区浅部裂隙、岩溶发育,富水性差别悬殊,单井涌水量从小于 100 m³/d 至大于 100 m³/d 不等;隐伏区分布于裸露区外围,上覆有一定厚度的松散层,是裂隙岩溶水的主要富集区,单井涌水量一般为 1 000~5 000 m³/d,于构造有利部位可达 5 000 m³/d 以上。地下水水化学类型以 HCO₃-Ca 或 HCO₃-Ca·Mg型为主,溶解性总固体为 0.5 g/L 左右。大气降水是其主要补给来源,并以人工开采或顶托补给孔隙水为其排泄途径。由于其与大气降水和孔隙水联系密切,补给源较充足,常可形成大、中型集中供水水源地。

（三）基岩裂隙含水岩组

基岩裂隙含水主要赋存于上太古界-元古界、中生界及新生界的岩浆岩、变质岩和碎屑岩的裂隙和风化层中。隐伏分布于第四系及新近系松散层之下,含水与富水性能均差,地下水径流滞缓。单井涌水量一般小于 100 m^3/d,不具有集中供水价值。

二、江淮波状平原水文地质区

位于淮北平原水文地质区以南,明光-庐江、舒城-独山一线以北。主要有松散岩类孔隙含水岩组、碳酸盐岩类裂隙岩溶含水岩组及基岩裂隙含水岩组。

（一）松散岩类孔隙含水岩组

松散岩类孔隙水主要赋存于江淮波状平原区黏性土层中,由于缺少含水砂层,单井涌水量一般小于 50 m^3/d,富水性差,不具有集中供水价值,适合零星开采。仅在淠河和杭埠河沿河两侧局部地段富水性较好,含水层为全新统的砂、砂砾石,单井涌水量可达 240～500 m^3/d。

（二）碳酸盐岩类裂隙岩溶含水岩组

分布于淮南、凤阳和四十里长山等局部地段,其中奥陶系灰岩富水性较好,单井涌水量一般小于 500 m^3/d,于构造有利部位,单井涌水量可达 500～2 000 m^3/d。

（三）基岩裂隙含水岩组

广泛分布于波状平原区第四系全新统或上更新统之下(局部出露地表),地下水主要赋存于中生界的红色碎屑岩中,但裂隙发育差,资源贫乏,单井涌水量一般小于 50 m^3/d。

三、皖西山地水文地质区

位于本省西部,北邻江淮波状平原水文地质区,东南沿桐城-宿松一线与沿江丘陵平原水文地质区相接,主要有松散岩类孔隙含水岩组和基岩裂隙含水岩组。

（一）松散岩类孔隙含水岩组

松散岩类孔隙水仅分布于苏家镇以南,新梅镇、太湖、凉亭河及宿松以北等沿河中上游局部地段。含水层为河流相堆积物,具二元结构,上部为不同粒级的砂,下部为砂砾石或砂砾卵石,总厚度为 10.0 m 左右。地下水位埋深小于 3.0 m。单井涌水量为 500～1 000 m³/d。

（二）基岩裂隙含水岩组

基岩裂隙水主要赋存于变质岩、岩浆岩和部分碎屑岩裂隙中,并以风化裂隙水或构造裂隙水的形式存在,是皖西山地水文地质区最主要的地下水类型,为溶解性总固体小于 0.5 g/L 的 HCO_3 型淡水,水质良好。本区虽降水充沛,但受地形地貌、地质构造等因素制约,岩石裂隙不发育,不利于地下水的赋存,地下水资源贫乏,井、泉流量多小于 100 m³/d。

四、沿江丘陵平原水文地质区

位于安徽省中部偏南,北西和南东分别以明光-潜山和东至-泾县-广德一线为界,长江横贯其中。主要有松散岩类孔隙含水岩组、碳酸盐岩类裂隙岩溶含水岩组及基岩裂隙含水岩组。

（一）松散岩类孔隙含水岩组

松散岩类孔隙水分布面积约占本区面积的一半,由新近系和第四系组成,一般厚度约为 50 m,水阳江下游局部厚近 100 m,天长一带可达 300 m。

1. 浅层孔隙水

浅层孔隙水主要赋存于沿长江及其支流和湖泊展布的第四系全新统河床相砂、砂砾石层中及中、上更新统含泥砂砾石组成的含水层中,含水层底板埋深一般小于 30 m。富水程度因地而异,长江及其主要支流下游地带,单井涌水量一般大于 1 200 m³/d;次要支流下游或主要支流中上游地带单井涌水量为 720～1 200 m³/d;古河床边缘单井涌水量一般小于 720 m³/d;在二、三级阶地黏性土、泥砾分布区,单井涌水量一般小于 50 m³/d。地下水水力性质为潜水或微承压水,水位埋深为 0.5～7.0 m。

2. 中深层孔隙水

中深层孔隙水主要赋存于新近系-第四系下更新统砂砾石层中,顶板埋深一般为 30 m 左右,具承压性。于东北部的天长地区含水层单层厚 3～59 m,总厚可达 109 m,单井涌水量为 360～1 200 m³/d,水位埋深为 1.4～9.2 m;于青弋江、水阳江下游地区,含水层厚约 20 m,顶板埋深为 70～75 m,单井涌水量为 500～1 000 m³/d;于枞阳汤沟-芜湖裕溪口一带发育的下更新统砂砾石层,厚 50～60 m,分布宽度为 2 km 以上,单井涌水量大于 1 200 m³/d。

(二)碳酸盐岩类裂隙岩溶含水岩组

主要分布于江南和江北丘陵区,地下水赋存于古生界和中生界碳酸盐岩裂隙、溶洞中。以二叠系及三叠系碳酸盐岩裂隙岩溶较发育,富水程度好,但不均一。单井涌水量一般在 500 m³/d 以上,局部地段可达 1 000 m³/d 以上。

(三)基岩裂隙含水岩组

基岩裂隙水主要赋存于碎屑岩、岩浆岩、变质岩的构造裂隙中,这类岩石富水性较差,单井涌水量一般小于 120 m³/d。

五、皖南山地水文地质区

该区位于东至-泾县-广德一线以南。该区山高坡陡,水文地质条件简单,弱富水岩石广泛分布。地下水受降水补给充沛,并具有良好的径流、排泄条件,降水在强烈切割的地形条件下迅速排入沟谷而入江河,故地表水丰富而地下水贫乏,主要有松散岩类孔隙含水岩组、碳酸盐岩类裂隙岩溶含水岩组及基岩裂隙含水岩组。

(一)松散岩类孔隙含水岩组

松散岩类孔隙水主要赋存于第四系中、上更新统和全新统松散堆积物。全新统分布于屯溪盆地及青弋江、水阳江上游河谷阶地中,厚度为 4～10 m,上部为黏性土,下部为河床相砂砾石,单井涌水量一般为 120～720 m³/d,仅于泾县章家渡、宁国附近、屯溪东北的局部地段，单井涌水量可达 $720\sim1\,200$ m³/d。中、上更新统分布区，无稳定的砂砾石层，单井涌水量一般小于 120 m³/d。

（二）碳酸盐岩类裂隙岩溶含水岩组

裂隙岩溶水主要赋存于中、上寒武统和奥陶系、石炭系、下二叠统及中、下三叠统碳酸盐岩裂隙、溶洞中，富水性极不均一，泉流量由 $5\sim4\,000$ m³/d 不等，单井涌水量一般小于 $1\,200$ m³/d，于构造有利部位，可达 $1\,200$ m³/d 以上。

（三）基岩裂隙含水岩组

基岩裂隙水主要赋存于区内变质岩、碎屑岩及岩浆岩裂隙中，富水性较差，泉流量多小于 100 m³/d，单井涌水量一般小于 120 m³/d。

本区地形起伏较大，山区地下水埋深多变，山间或河谷盆地地下水年变幅为 $1.0\sim1.5$ m。水化学类型以 HCO_3-Ca 型为主，在碎屑岩分布区可见有 $HCO_3\cdot Cl$-Ca·Na 型水，溶解性总固体一般小于 0.3 g/L。

第四章 安徽省天然矿泉水类型
及分布特征

第一节 天然矿泉水类型

矿泉水的分类方法有很多,目前国际上没有统一的划分标准,习惯按用途、泉水涌出形式和矿泉水的物理性质及化学成分(定量指标法)三种方式划分。矿泉水按用途分为工业矿水、农业矿水、医疗矿水、饮料矿水;按泉水涌出形式分为自喷泉、脉搏泉、火山泉;按矿水的物理性质和化学成分,如温度、酸碱度(pH)、溶解性总固体、水化学类型(阴阳离子)、特征化学组分(界限指标)也可进行分类。

饮用天然矿泉水主要是依据化学成分和物理性质进行分类。

一、按矿泉水特征化学组分分类

(一)分类标准

饮用天然矿泉水主要按其所含特征化学组分进行分类。根据中华人民共和国国家标准《饮用天然矿泉水》(GB 8537—2018)和中华人民共和国国家标准《天然矿泉水资源地质勘探规范》(GB/T 13727—2016)规定,矿泉水可按界限指标达标的特征化学组分命名,可划分为锂矿泉水、锶矿泉水、锌矿泉水、碘矿泉水、偏硅酸矿泉水、硒矿泉水、碳酸矿泉水、盐类矿泉水(表4.1)。根据所含达标的微量元素或组分的项数,可划分为单一型矿泉水和复合型矿泉水两大类。矿泉水中只含有一种达标微量元素,属单一型矿泉水;矿泉水中含有两种和两种以上达标微量元素或组分,属复合型矿泉水,例如偏硅酸矿泉水同时含锶,即锶偏硅酸矿泉水。

表 4.1　矿泉水按特征化学组分分类命名表

项目	要求
锂(Li)(mg/L)	≥0.20
锶(Sr)(mg/L)	≥0.20(含量为 0.20～0.40 mg/L 时,水源水水温应为 25 ℃以上)
锌(Zn)(mg/L)	≥0.20
碘化物(I)(mg/L)	≥0.20
偏硅酸(H_2SiO_3)(mg/L)	≥25.0(含量为 25.0～30.0 mg/L 时,水源水水温应为 25 ℃以上)
硒(Se)(mg/L)	≥0.01
游离二氧化碳(mg/L)	≥250
溶解性总固体(mg/L)	≥1 000

(二) 数据来源

参与特征化学组分分类的数据,主要依据"安徽省天然矿泉水资源调查评价"项目实地调查取样的实测数据、以往勘察评价报告中的特征化学组分数据和收集的相关资料数据进行取值,对于多期采样的特征化学组分不同的数据,考虑到矿泉水对特征组分含量稳定的要求,采取特征组分的最小值进行取值。

(三) 分类结果

依据上述分级标准,安徽省已勘察评价的 150 点天然饮用矿泉水共有 12 种类型,分别为锶型饮用天然矿泉水、偏硅酸型饮用天然矿泉水、碘型饮用天然矿泉水、锶偏硅酸型饮用天然矿泉水、锶碘溶解性总固体型饮用天然矿泉水、锶碘型饮用天然矿泉水、锶锌型饮用天然矿泉水、偏硅酸锌型饮用天然矿泉水、锶溶解性总固体型饮用天然矿泉水、锂偏硅酸型饮用天然矿泉水、锂锶偏硅酸型饮用天然矿泉水、锶偏硅酸游离二氧化碳型饮用天然矿泉水,其中锶型、偏硅酸型、锶偏硅酸型为安徽省矿泉水的主要类型,占全省矿泉水井(泉)点总数的 76.67%(图 4.1、

表4.2)。

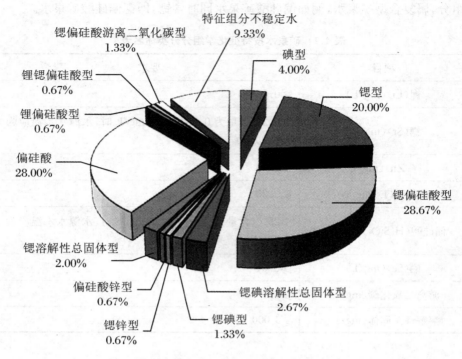

图4.1 按特征化学组分分类型饼图

表4.2 特征化学组分分类统计表

类型	数量(点)	占比(%)
碘型	6	4.00
锶型	30	20.00
锶偏硅酸型	43	28.67
锶碘溶解性总固体型	4	2.67
锶碘型	2	1.33
锶锌型	1	0.67
偏硅酸锌型	1	0.67
锶溶解性总固体型	3	2.00
偏硅酸	42	28.00
锂偏硅酸型	1	0.67

续表

类型	数量（点）	占比（%）
锂锶偏硅酸型	1	0.67
锶偏硅酸游离二氧化碳型	2	1.33
特征组分不稳定水	14	9.33
合计	150	100.00

安徽省单一型饮用天然矿泉水有锶型饮用天然矿泉水、偏硅酸型饮用天然矿泉水、碘型饮用天然矿泉水 3 种类型。安徽省复合型饮用天然矿泉水有锶偏硅酸型饮用天然矿泉水、锶碘溶解性总固体型饮用天然矿泉水、锶碘型饮用天然矿泉水、锶锌型饮用天然矿泉水、偏硅酸锌型饮用天然矿泉水、锶溶解性总固体型饮用天然矿泉水、锂偏硅酸型饮用天然矿泉水、锂锶偏硅酸型饮用天然矿泉水、锶偏硅酸游离二氧化碳型饮用天然矿泉水 9 种类型。通过资料收集和采样测试取得的矿泉水水质数据，部分矿泉水点矿泉水组分较不稳定，如锶含量在 0.20～0.40 mg/L、偏硅酸含量在 25.0～30.0 mg/L 范围时，水源水水温均低于 25 ℃，根据中华人民共和国国家标准《饮用天然矿泉水》（GB 8537—2018）中的界限指标要求，并考虑矿泉水常年开采对水质的稳定性要求，确定共有 14 点矿泉水为特征组分不稳定水。

二、按矿泉水水化学类型分类

（一）分类标准

水化学类型是指地下水化学成分的生成环境、基本特征及水中微量元素的阴阳离子所占毫克当量百分数大小或特殊成分（稀有元素）含量达到一定数量时划分的地下水类型。以阴离子为主分类，以阳离子划分亚类，以某种离子含量（毫克当量百分数，或视毫摩尔百分含量）≥25%，参与组合定名进行划分。

（二）数据来源

参与水化学类型分类的数据，主要依据"安徽省天然矿泉水资源调查评价"项目实地调查取样的实测数据、以往勘察评价报告、收集的相关资料中的阴阳离子数据和直接水化学类型指标进行取值,对于多期采样的水化学类型不尽相同的数据,采取占比比例较大的进行取值。

(三) 分类结果

依据上述分级标准,安徽省已勘察评价的 150 点天然饮用矿泉水中,按水化学类型主类进行分类的有 8 种类型,按其所占比例依次为 HCO_3 型、$HCO_3 \cdot SO_4$ 型、$HCO_3 \cdot Cl$ 型、Cl 型、$Cl \cdot SO_4 \cdot HCO_3$ 型、$HCO_3 \cdot Cl \cdot SO_4$ 型、$Cl \cdot HCO_3$ 型、$SO_4 \cdot HCO_3$ 型,所占比例分别为 88.00%、4.00%、3.33%、1.33%、1.33%、0.67%、0.67%、0.67%。按水化学类型主类结合亚类进行分类的有 23 种类型,以 HCO_3-Ca 型、HCO_3-Ca $\cdot$ Na 型、HCO_3-Ca $\cdot$ Mg 型、HCO_3-Na 型、HCO_3-Na $\cdot$ Ca 型为主,以上 5 种类型占比为 77.33%(图 4.2、表 4.3)。

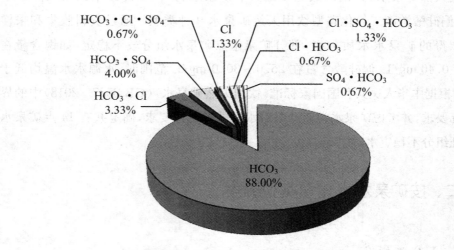

图 4.2　按水化学类型主类分类型饼图

表 4.3　水化学类型分类统计表

主类	亚类	数量(点)	占比(%)	合计(%)
HCO_3	Ca	32	21.33	88.00
	Ca · Na	29	19.33	
	Ca · Mg	27	18.00	
	Na	14	9.33	
	Na · Ca	14	9.33	
	Ca · Mg · Na	5	3.33	

续表

主类	亚类	数量(点)	占比(%)	合计(%)
HCO₃	Ca·Na·Mg	4	2.67	88.00
	Mg·Ca	2	1.33	
	Na·Ca·Mg	2	1.33	
	Na·Mg	2	1.33	
	Na·Mg·Ca	1	0.67	
HCO₃·Cl	Ca·Mg	2	1.33	3.33
	Na	2	1.33	
	Ca·Na	1	0.67	
HCO₃·SO₄	Ca·Mg	3	2.00	4.00
	Ca·Na	1	0.67	
	Na·Ca	1	0.67	
	Na	1	0.67	
HCO₃·Cl·SO₄	Na	1	0.67	0.67
Cl	Na	2	1.33	1.33
Cl·SO₄·HCO₃	Na	2	1.33	1.33
Cl·HCO₃	Na	1	0.67	0.67
SO₄·HCO₃	Ca·Mg	1	0.67	0.67
合计		150	100.00	100.00

三、按矿泉水酸碱度分类

(一)分类标准

酸碱度又称 pH,是水中氢离子浓度的负对数值,即 $pH = -\lg[H^+]$,是酸碱性的一种代表值。矿泉水的酸碱度分类命名主要参考《水文地质手册(第2版)》中地下水酸碱度分类划分指标进行分级,详见表 4.4。

表 4.4 地下水按酸碱度分类命名表

pH	<5	5~6.4	6.5~8.0	8.1~10.0	>10
矿泉水类型	强酸性水	弱酸性水	中性水	弱碱性水	强碱性水

（二）数据来源

参与酸碱度分类的数据，主要依据"安徽省天然矿泉水资源调查评价"项目实地调查取样的实测数据、以往勘察评价报告中的酸碱度（pH）数据和收集的相关资料数据进行取值，对于以往资料中多期采样的酸碱度（pH）不同的数据，采取最大值和最小值取平均值的方式进行取值。

（三）分类结果

依据上述分级标准，安徽省已勘察评价的 150 点天然饮用矿泉水中（图 4.3），有 2 点饮用天然矿泉水 pH 区间分布在 5.55～6.00（黄山芙蓉泉 pH 为 5.55，九华山风景区望佛亭矿泉水 pH 为 6.00），占总数的 1.33%，属弱酸性矿泉；有 141 点饮用天然矿泉水 pH 区间分布在 6.62～8.04，占总数的 94.00%，属中性矿泉；有 7 点饮用天然矿泉水 pH 区间分布在 8.10～8.28，占总数的 4.67%，属弱碱性矿泉。

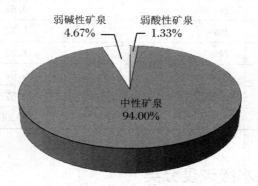

图 4.3　按酸碱度（pH）分类型饼图

四、按矿泉水溶解性总固体分类

（一）分类标准

溶解性总固体是指水中溶解组分的总量，包括溶解于水中的各种离子、分子、化合物的总量。综合矿泉水其他达标组分的基础上，结合溶解性总固体指标对矿泉水进行分类，主要参考《水文地质手册（第 2 版）》和陈墨香（1994）、梁俊平（2004）

划分指标进行分级，详见表4.5。

表 4.5　矿泉水按溶解性总固体分类命名表

溶解性总固体（mg/L）	＜1 000	≥1 000
矿泉水类型	淡矿泉水	盐类矿泉水

（二）数据来源

参与溶解性总固体分类的数据，主要依据"安徽省天然矿泉水资源调查评价"项目实地调查取样的实测数据、以往勘察评价报告中的溶解性总固体数据和收集的相关资料数据进行取值，对于以往资料中多期采样的溶解性总固体不同的数据，采取最大值和最小值取平均值的方式进行取值。

（三）分类结果

依据上述分级标准，安徽省已勘察评价的 150 点天然饮用矿泉水中（图4.4），有 143 点饮用天然矿泉水溶解性总固体小于 1 000 mg/L，占总数的 95.33%，属淡矿泉水；有 7 点饮用天然矿泉水溶解性总固体分布区间为 1 159～2 690 mg/L，占总数的 4.67%，属盐类矿泉水。

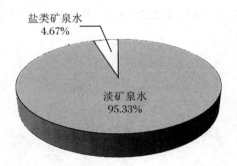

图 4.4　按溶解性总固体分类型饼图

五、按矿泉水温度分类

（一）分类标准

矿泉水的温度分类命名根据人体对水温的适应程度进行划分，本书参考沈照理(2000)、梁俊平(2004)划分指标进行分级,详见表4.6。

表4.6　矿泉水按温度分类命名表

温度(℃)	<25	25～33	34～37	38～42	>42
矿泉水类型	冷泉	凉泉	温泉	热泉	极热泉

(二)数据来源

参与温度分类的数据,主要依据"安徽省天然矿泉水资源调查评价"项目实地调查取样的实测数据、以往勘察评价报告中的水温数据或收集的相关资料数据进行取值。

(三)分类结果

依据上述分级标准,安徽省已勘察评价的150点天然饮用矿泉水中(图4.5),有144点饮用天然矿泉水水温区间分布在14～24.5℃,占总数的96.00%,属冷泉;有4点饮用天然矿泉水水温区间分布在25～31℃(亳州古井酒厂26-3井25℃、肥东纺织厂ZK1井26.5℃、巢湖地质疗养院供水井26.5℃、定远泉坞山DH2井31℃),占总数的2.67%,属凉泉;有2点饮用天然矿泉水水温区间分布在38～39℃(太和县温泉度假村TD2井38℃、冬至香口Ⅰ号矿泉39℃),占总数的1.33%,属热泉。

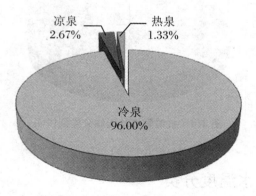

图4.5　按温度分类型饼图

第二节　天然矿泉水分布特征

安徽省天然矿泉水资源丰富,在全省 16 个地级市(74 个县区)均有分布,通过调查工作,查明了安徽省共有矿泉水水源地 140 处,涉及矿泉水井(泉)点 150 个。以下主要从全省矿泉水分布特征、主要类型矿泉水分布特征、特殊类型矿泉水分布特征等方面叙述安徽省矿泉水分布状况。

一、区域矿泉水分布特征

已勘察评价的矿泉水点(水源地)在安徽省 16 个地市(74 个县区)均有分布,但其总体分布主要集中在阜阳、淮南、蚌埠、滁州、合肥、六安、黄山等市,占井(泉)点总数的 70.67%。150 个矿泉水点中,矿泉水井点有 122 个,占井(泉)点总数的81.33%,在全省各地均有分布;矿泉水泉点有 28 个,占井(泉)点总数的 18.67%,主要分布于皖中丘陵区及皖南、皖西山区。根据调查,损毁灭失的矿泉水井(泉)点有 61 个,占井(泉)点总数的 16.00%;现状一般的矿泉水井(泉)点有 24 个,占井(泉)点总数的 19.34%;现状良好的矿泉水井(泉)点有 65 个,占井(泉)点总数的43.33%。详见图 4.6、表 4.7、图 4.7。

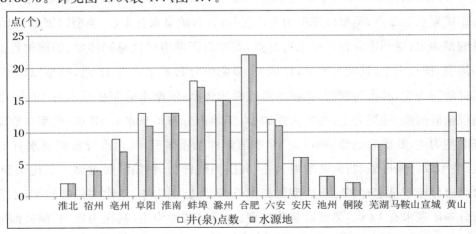

图 4.6　安徽省天然矿泉水点及水源地在各地级市分布数量柱状图

表 4.7　安徽省天然矿泉水点及水源地在各地级市分布数量统计表

地级市	井(泉)点数(点)	水源地(处)	井泉(点)		分布县区数量
			井(点)	泉(点)	
淮北	2	2	2	0	1
宿州	4	4	4	0	2
亳州	9	7	9	0	4
阜阳	13	11	13	0	6
淮南	13	13	12	1	7
蚌埠	18	17	18	0	6
滁州	15	15	11	4	6
合肥	22	22	22	0	7
六安	12	11	7	5	6
安庆	6	6	3	3	6
池州	3	3	0	3	2
铜陵	2	2	1	1	1
芜湖	8	8	6	2	4
马鞍山	5	5	3	2	5
宣城	5	5	2	3	4
黄山	13	9	9	4	7
合计	150	140	122	28	74

　　针对现状查明的 150 个矿泉水点,从矿泉水地域和类型分布特征来看:淮北市分布矿泉水有 2 点,类型以锶型为主;宿州市分布矿泉水有 4 点,类型以锶型、锶偏硅酸型为主;亳州市分布矿泉水有 9 点,类型以锶碘溶解性总固体型、锶溶解性总固体型、锶型为主,其次为碘型、锶碘型;阜阳市分布矿泉水有 13 点,类型以碘型、偏硅酸型为主,其次为锶型、锶碘溶解性总固体型;淮南市分布矿泉水有 13 点,类型以偏硅酸型、锶型为主,其次为锶碘型;蚌埠市分布矿泉水有 18 点,类型以锶偏硅酸型为主,其次为锶型、偏硅酸型、锶溶解性总固体型;滁州市分布矿泉水有 15 点,类型以锶偏硅酸型、偏硅酸型为主,其次为锶锌型、锶偏硅酸游离二氧化碳型;合肥市分布矿泉水有 22 点,类型以锶偏硅酸型、锶型为主,其次为偏硅酸型;六安市分布矿泉水有 12 点,类型以偏硅酸型、锶偏硅酸型为主,其次为锶型、偏硅酸锌型;安庆市分布矿泉水有 6 点,类型以偏硅酸型为主,其次为锶型、锶偏硅酸型;池

州市分布矿泉水有 3 点，类型为偏硅酸型、锶偏硅酸型；铜陵市分布矿泉水有 2 点，类型为偏硅酸型、锶偏硅酸型；芜湖市分布矿泉水有 8 点，类型为锶型、锶偏硅酸型、偏硅酸型、锂偏硅酸型、锂锶偏硅酸型、锶偏硅酸游离二氧化碳型；马鞍山市分布矿泉水有 5 点，类型以锶型为主，其次为偏硅酸型；宣城市分布矿泉水有 5 点，类型以锶型为主，其次为偏硅酸型；黄山市分布矿泉水有 13 点，类型以偏硅酸为主，其次为锶型。详见表 4.8。

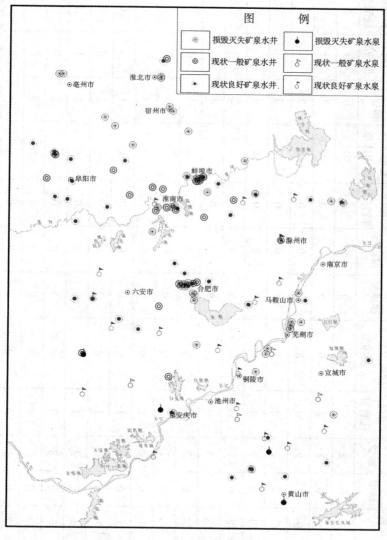

图 4.7　安徽省天然矿泉水点分布图

表 4.8　安徽省矿泉水类型分布状况一览表

地级市	点数	矿泉水类型												
		碘型	锶型	锶偏硅酸型	锶碘溶解性总固体型	锶碘型	锶锌型	偏硅酸锌型	锶溶解性总固体型	偏硅酸型	锂偏硅酸型	锂锶偏硅酸型	锶偏硅酸溶游离二氧化碳型	特征组分不稳定水
淮北	2	0	2	0	0	0	0	0	0	0	0	0	0	0
宿州	4	0	2	2	0	0	0	0	0	0	0	0	0	0
亳州	9	1	2	0	3	1	0	0	2	0	0	0	0	0
阜阳	13	5	1	0	1	0	0	0	0	3	0	0	0	3
淮南	13	0	3	0	0	1	0	0	0	6	0	0	0	3
蚌埠	18	0	1	14	0	0	0	0	1	2	0	0	0	0
滁州	15	0	0	6	0	0	1	0	0	4	0	0	1	3
合肥	22	0	7	14	0	0	0	0	0	1	0	0	0	0
六安	12	0	1	3	0	0	0	1	0	6	0	0	0	1
安庆	6	0	2	1	0	0	0	0	0	3	0	0	0	0
池州	3	0	0	1	0	0	0	0	0	1	0	0	0	1
铜陵	2	0	0	1	0	0	0	0	0	1	0	0	0	0
芜湖	8	0	2	1	0	0	0	0	0	1	1	1	1	1
马鞍山	5	0	3	0	0	0	0	0	0	2	0	0	0	0
宣城	5	0	3	0	0	0	0	0	0	2	0	0	0	0
黄山	13	0	1	0	0	0	0	0	0	10	0	0	0	2
合计	150	6	30	43	4	2	1	1	3	42	1	1	2	14
百分比(%)		4.00	20.00	28.67	2.67	1.33	0.67	0.67	2.00	28.00	0.67	0.67	1.33	9.33

二、主要类型矿泉水分布特征

前已叙及,锶型、偏硅酸型、锶偏硅酸型为安徽省矿泉水的主要类型,占全省矿泉水井(泉)点总数的 76.67%。

1. 锶型矿泉水

全省发现锶型矿泉水共 30 点,占发现矿泉水点的 20.00%,是全省发现数量较多的矿泉水类型之一。除池州、铜陵等市没有分布外,在其他地级市均有分布,以合肥市分布较为集中,平面分布除皖南分布较少外,无明显规律。锶含量 Sr:0.32~3.93 mg/L、pH:6.50~8.50,水化学类型以 HCO$_3$-Ca、HCO$_3$-Na 型为主。详见图 4.8。

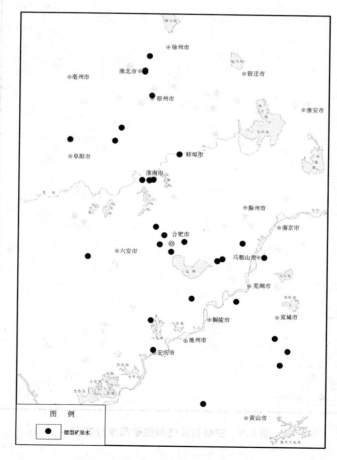

图 4.8　安徽省锶型矿泉水分布图

2. 偏硅酸型矿泉水

全省发现偏硅酸型矿泉水共 42 点,占发现矿泉水点的 28.00%,是全省发现数量较多的矿泉水类型之一。除淮北、宿州、亳州等市没有分布外,在其他地级市均有分布,以黄山、淮南、六安等市分布较为集中,平面上沿淮两侧、沿江东部地区均有分布,另外,大别山、皖南山区亦是主要分布区。偏硅酸含量 H_2SiO_3:30.16~80.13 mg/L,pH:5.00~8.34,水化学类型以 HCO_3-Ca·Na、HCO_3-Na·Ca、HCO_3-Ca·Mg 型为主。详见图 4.9。

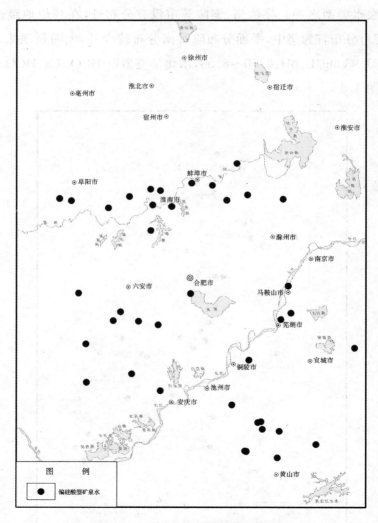

图 4.9 安徽省偏硅酸型矿泉水分布图

3. 锶偏硅酸型矿泉水

全省发现锶型矿泉水共 43 点，占发现矿泉水点的 28.67%，是全省发现数量最多的矿泉水类型。集中分布在合肥、蚌埠、滁州、六安、宿州、安庆、池州、铜陵、芜湖等市，其他地级市未有分布，以合肥和蚌埠两市分布最为集中。平面分布以皖东、皖中、沿江分布较为集中，在皖西北、皖西、皖南均未分布。锶含量 Sr：$0.38\sim3.22$ mg/L、偏硅酸含量 H_2SiO_3：$30.20\sim80.54$ mg/L、pH：$6.60\sim8.50$，水化学类型以 HCO_3-Ca、HCO_3-Ca·Na、HCO_3-Ca·Mg·Na 型为主。详见图 4.10。

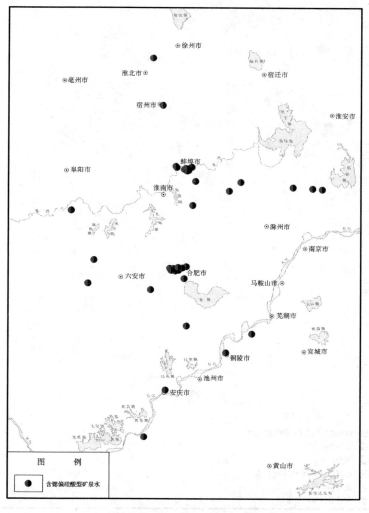

图 4.10　安徽省锶偏硅酸型矿泉水分布图

三、珍稀类型矿泉水分布特征

含碘、锌、硒、游离 CO_2 等特种成分天然矿泉水,对人体有一定的保健作用,自然界分布较少,属珍稀类型矿泉水。安徽省珍稀型矿泉水主要包括碘(含碘复合)型矿泉水、含锌复合型矿泉水和含碳酸复合型矿泉水。安徽省珍稀矿泉水类型分布如图 4.11 所示。

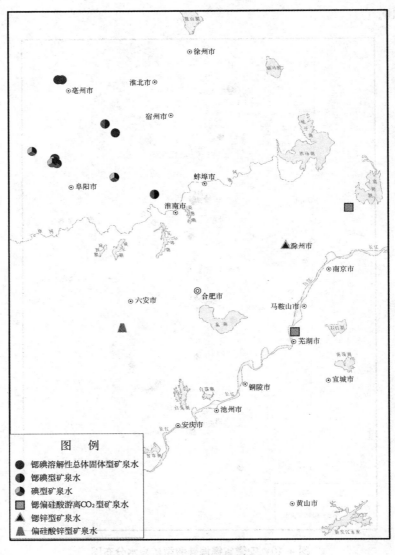

图 4.11 安徽省珍稀矿泉水类型分布图

（1）碘（含碘复合）型矿泉水：全省发现碘（含碘复合）型矿泉水共 12 点，占发现矿泉水点的 8.00%，其中，碘型 6 点，分布为太和 4 点、界首 1 点、利辛 1 点；锶碘型 2 点，分布为涡阳 1 点、淮南 1 点；锶碘溶解性总体固体型 4 点，分布为谯城区 2 点、太和县 1 点、涡阳县 1 点。平面上集中分布在皖西北地区，其他地区暂未发现碘（含碘复合）型矿泉水分布。碘含量 I：0.21～0.49 mg/L，pH：6.55～8.72，水化学类型以 HCO_3-Na、Cl-Na 型为主。

（2）含碳酸复合型矿泉水：全省暂未发现单一型碳酸矿泉水，主要为含碳酸复合型矿泉水，其类型主要为锶偏硅酸游离 CO_2 型，零散分布在天长市和芜湖市鸠江区，其他地区暂未发现碳酸（含碳酸复合）型矿泉水分布。游离 CO_2 含量：257.77～463.95 mg/L，pH：6.48～7.60，水化学类型主要为 HCO_3-Ca・Mg、HCO_3-Ca・Mg・Na 型。

（3）含锌复合型矿泉水：全省暂未发现单一型锌矿泉水，主要为含锌复合型矿泉水，其类型有锶锌型和偏硅酸锌型两种，零散分布在滁州市琅琊区和霍山县，其他地区暂未发现锌（含锌复合）型矿泉水分布。锌含量 Zn：0.24～1.39 mg/L，pH：7.33～7.80，水化学类型主要为 HCO_3-Ca・Mg、HCO_3-Ca・Na 型。

第三节　天然矿泉水类型分区

安徽省已勘察评价的 150 点天然饮用矿泉水按其所含特征化学组分进行分类，共有 12 种类型，分别为锶型、偏硅酸型、碘型、锶偏硅酸型、锶碘溶解性总固体型、锶碘型、锶锌型、偏硅酸锌型、锶溶解性总固体型、锂偏硅酸型、锂锶偏硅酸型、锶偏硅酸游离二氧化碳型。根据天然矿泉水所含特征化学组分将安徽省分为 8 个天然矿泉水赋存分布区，分别为以锶型为主的矿泉水分布区，以偏硅酸型为主的矿泉水分布区，以锶、锶偏硅酸型为主的矿泉水分布区，以偏硅酸、锶偏硅酸型为主的矿泉水分布区，以锶、碘（含碘）型为主的矿泉水分布区，以含锶偏硅酸、溶解性总固体为主的矿泉水分布区，以锶、偏硅酸型为主的矿泉水分布区，以锶、偏硅酸、含锂、含 CO_2 型为主的矿泉水分布区。

一、以锶型为主的矿泉水分布区(Ⅰ)

本区面积为 17 516.14 km²，占安徽省总面积的 12.50%，主要分布于安徽省北中部、中东部、东南部和西南部地区，分为 4 个亚区，分述如下：

Ⅰ₁区分布于萧县东部、濉溪县北部、埇桥区北部和灵璧县北部地区，面积为 4 047.35 km²，该区内现状已勘查评价的天然饮用矿泉水共 5 个点，其中 4 个点为锶型饮用天然矿泉水，1 个点为锶偏硅酸型饮用天然矿泉水。

Ⅰ₂区分布于庐江县中东部、巢湖市东部、含山县中部及和县西部地区，面积为 2 613.41 km²，该区内现状已勘查评价的天然饮用矿泉水共 5 个点，均为锶型饮用天然矿泉水。

Ⅰ₃区分布于东至县东南部、石台县、祁门县北部、黟县西部、池州市南部地区，面积为 4 715.32 km²，该区内现状已勘查评价的天然饮用矿泉水共 1 个点，为锶型饮用天然矿泉水。

Ⅰ₄区分布于青阳县中部、泾县中东部、宁国市、郎溪县南部、广德市南部地区，面积为 6 140.06 km²，该区内现状已勘查评价的天然饮用矿泉水共 3 个点，均为锶型饮用天然矿泉水。

二、以偏硅酸型为主的矿泉水分布区(Ⅱ)

本区面积为 26 609.19 km²，占安徽省总面积的 18.98%，主要分布于安徽省中西部和南部地区，分为 2 个亚区，分述如下：

Ⅱ₁区分布于金寨县、霍山县、岳西县、太湖县东部、宿松县西北部、潜山市西部和舒城县南部地区，面积为 14 327.96 km²，该区内现状已勘查评价的天然饮用矿泉水共 10 个点，其中 8 个点为偏硅酸型饮用天然矿泉水，1 个点为偏硅酸锌型饮用天然矿泉水，1 个点特征组分不稳定。

Ⅱ₂区分布于青阳县南部、泾县南部、旌德县、绩溪县西部、歙县、休宁县、黟县南部和祁门县南部地区，面积为 12 281.23 km²，该区内现状已勘查评价的天然饮用矿泉水共 15 个点，其中 12 个点为偏硅酸型饮用天然矿泉水，3 个点特征组分不稳定。

三、以锶、锶偏硅酸型为主的矿泉水分布区(Ⅲ)

本区面积为 14 449.07 km²,占安徽省总面积的 10.31%,主要分布于安徽省中北部地区,具体分布于定远县西部、长丰县南部、寿县南部、霍邱县南部、六安市北部、舒城县北部、肥西县、合肥市、庐江县西部和肥东县东部地区。该区内现状已勘查评价的天然饮用矿泉水共 24 个点,其中 6 个点为锶型饮用天然矿泉水,16 个点为锶偏硅酸型饮用天然矿泉水,1 个点为偏硅酸锌型饮用天然矿泉水,1 个点特征组分不稳定。

四、以偏硅酸、锶偏硅酸型为主的矿泉水分布区(Ⅳ)

本区面积为 17 076.66 km²,占安徽省总面积的 12.18%,主要分布于安徽省中东部地区,具体分布于怀远县东部、固镇县南部、五河县南部、凤阳县、定远县东部、庐江县中部、含山县西北部、全椒县、明光市、滁州市、蚌埠市、来安县和天长市地区。该区内现状已勘查评价的天然饮用矿泉水共 31 个点,其中 20 个点为锶偏硅酸型饮用天然矿泉水,6 个点为偏硅酸锌型饮用天然矿泉水,1 个点为锶型饮用天然矿泉水,1 个点为锶偏硅酸游离 CO_2 型饮用天然矿泉水,1 个点为锶锌型饮用天然矿泉水,2 个点特征组分不稳定。

五、以锶、碘(含碘)型为主的矿泉水分布区(Ⅴ)

本区面积为 14 370.09 km²,占安徽省总面积的 10.25%,主要分布于安徽省西北部地区,具体分布于亳州市、阜阳市、界首市、临泉县、利辛县、涡阳县西部、蒙城县西部、凤台县北部、颍上县北部和阜南县北部地区。该区内现状已勘查评价的天然饮用矿泉水共 19 个点,其中 3 个点为锶型饮用天然矿泉水,6 个点为碘型饮用天然矿泉水,4 个点为锶碘溶解性总体固体型饮用天然矿泉水,2 个点为锶溶解性总固体型饮用天然矿泉水,1 个点为锶碘型饮用天然矿泉水,3 个点特征组分不稳定。

六、以含锶偏硅酸、溶解性总固体为主的矿泉水分布区(Ⅵ)

本区面积为 12 663.83 km^2,占安徽省总面积的 9.04%,主要分布于安徽省北部和东北部地区,具体分布于砀山县、萧县西部、濉溪县南部、涡阳县东部、蒙城县东北部、怀远县北部、固镇县北部、五河县西北部、泗县、灵璧县南部和埇桥区南部地区。该区内现状已勘查评价的天然饮用矿泉水共 2 个点,其中 1 个点为锶偏硅酸型饮用天然矿泉水,1 个点为锶溶解性总固体型饮用天然矿泉水。

七、以锶、偏硅酸型为主的矿泉水分布区(Ⅶ)

本区面积为 10 788.85 km^2,占安徽省总面积的 7.70%,主要分布于安徽省中西部地区,具体分布于阜南县南部、颍上县南部、凤台县南部、淮南市、怀远县南部、长丰县西北部、寿县北部和中部、霍邱县北部地区。该区内现状已勘查评价的天然饮用矿泉水共 17 个点,其中 3 个点为锶型饮用天然矿泉水,9 个点为偏硅酸型饮用天然矿泉水,1 个点为锶偏硅酸型饮用天然矿泉水,1 个点为锶碘型饮用天然矿泉水,3 个点特征组分不稳定。

八、以锶、偏硅酸、含锂、含 CO_2 型为主的矿泉水分布区(Ⅷ)

本区面积为 26 686.17 km^2,占安徽省总面积的 19.04%,主要分布于长江两岸、安徽省中南部地区,具体分布于宿松县南部、潜山市南部、怀宁县、望江县、东至县北部、安庆市、池州市北部、枞阳县、庐江县南部、铜陵市、无为市南部、芜湖市、繁昌区、南陵县、湾沚区、当涂县、马鞍山市、宣城市北部、郎溪县北部和广德市北部地区。该区内现状已勘查评价的天然饮用矿泉水共 18 个点,其中 4 个点为锶型饮用天然矿泉水,6 个点为偏硅酸型饮用天然矿泉水,4 个点为锶偏硅酸型饮用天然矿泉水,1 个点为锶锂偏硅酸型饮用天然矿泉水,1 个点为锶偏硅酸游离 CO_2 型饮用天然矿泉水,1 个点为锂偏硅酸型饮用天然矿泉水,1 个点特征组分不稳定。

第五章 安徽省天然矿泉水成因机制分析

第一节 天然矿泉水的形成条件

天然矿泉水的形成离不开地层岩性条件、地质构造条件、岩石地球化学条件、补径排条件和水岩作用条件。在这些条件的制约下,地下水溶解了围岩中某些特定的化学成分,并达到一定的含量范围,才能形成矿泉水。安徽省饮用天然矿泉水的分布充分反映了安徽省独特的地质背景,并表明了安徽省矿泉水的形成明显受地层岩性、地质构造、地球化学场(带)、补径排条件、水岩作用的控制明显。

一、矿泉水形成的地层岩性条件

地层岩性既是矿泉水的储存场所和循环介质,又是矿泉水化学成分的物质基础。矿泉水的常规可溶性物质成分和微量元素及其特殊组分的富集,主要来源于围岩的溶滤产物。因此,因赋存部位的围岩介质不同,矿泉水所含的物质成分不同,地层对矿泉水形成的控制,其实质还是岩性作用,围岩岩性的不同造就了安徽省天然矿泉水类型的多样性。

(一)不同地层岩性与矿泉水的产出关系

根据不同岩性,分松散岩类、碎屑岩类、碳酸盐岩类、火山岩类和花岗岩类共5大类岩性,研究分析了矿泉水类型发育规律。

已勘察评价的150点矿泉水中,矿泉水赋存地层岩性为松散岩类的共有39

点,形成矿泉水类型以偏硅酸型、碘型、锶型为主,其次为锶碘溶解性总固体型、锶偏硅酸型和锶溶解性总固体型,另外,还发育有锶碘型、锶偏硅酸游离 CO_2 型和锂偏硅酸型,如图 5.1 所示。

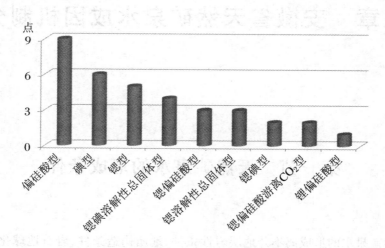

图 5.1　松散岩类矿泉水发育类型统计图

矿泉水赋存地层岩性为碎屑岩类的共有 36 点,形成矿泉水类型以锶偏硅酸型为主,其次为锶型、偏硅酸型,零星发育有偏硅酸锌型,如图 5.2 所示。

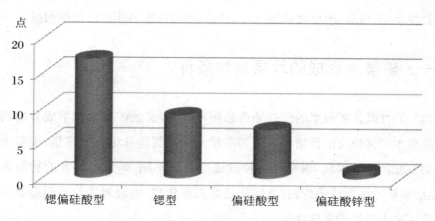

图 5.2　碎屑岩类矿泉水发育类型统计图

矿泉水赋存地层岩性为碳酸盐岩类的共有 20 点,形成矿泉水类型以锶型为主,其次为锶偏硅酸型,零星发育有偏硅酸型、锶锌型,如图 5.3 所示。

矿泉水赋存地层岩性为火山岩类的共有 10 点,形成矿泉水类型以锶偏硅酸型、偏硅酸型为主,零星发育有锶型、锶锂偏硅酸型,如图 5.4 所示。

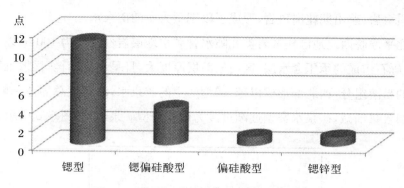

图 5.3　碳酸盐岩类矿泉水发育类型统计图

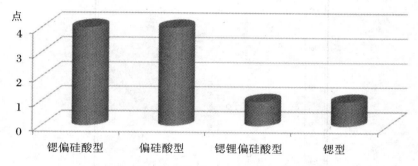

图 5.4　火山岩类矿泉水发育类型统计图

矿泉水赋存地层岩性为花岗岩类的共有 35 点,形成矿泉水类型以偏硅酸型、锶偏硅酸型为主,其次发育有锶型,如图 5.5 所示。

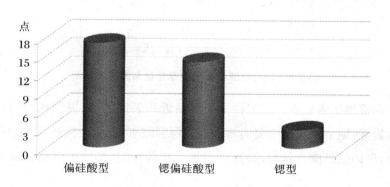

图 5.5　花岗岩类矿泉水发育类型统计图

（二）不同地层岩性区矿泉水发育特征

淮北平原北东部的碳酸盐岩分布区,地层岩性主要为奥陶系-石炭系灰岩、灰岩夹砂质页岩、燕山期花岗斑岩,形成了以锶型为主的矿泉水。

淮北平原皖西北地区松散岩类孔隙水含矿水地层岩性主要为 100 m 以下由亚砂土、砂砾石组成的承压含水层,区内松散层厚度大,且呈多层结构,松散堆积物中含较多的易溶组分,西北部形成以锶、碘型为主的矿泉水,溶解性总固体一般较高,向东南碘含量渐减,矿泉水类型逐渐过渡为偏硅酸型矿泉水,如图 5.6 所示。

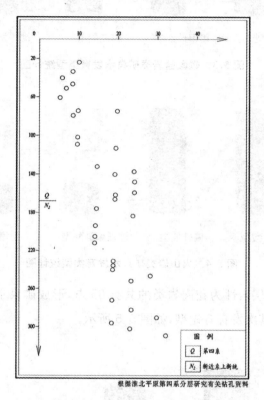

根据淮北平原第四系分层研究有关钻孔资料

图 5.6 淮北平原松散层中锶含量与深度关系图

皖中东部地区含矿水地层岩性主要为新近系玄武岩、蚌埠期花岗岩及中新生代红层砂岩等,地下水类型主要为玄武岩孔洞裂隙水、花岗岩构造裂隙水和红层孔隙裂隙水,区内偏硅酸含量普遍较高,含锶也比较普遍,形成了以锶偏硅酸型为主的矿泉水。

皖西大别山地层岩性分布有火山熔岩、花岗岩、变质岩等。含矿水地层岩性为中生界侏罗系上统凝灰岩、凝灰质角砾岩,太古代花岗岩及下元古代、太古代花岗片麻岩,形成以偏硅酸型为主的矿泉水。

皖中巢(湖)全(椒)一带,含矿水地层岩性主要为中生代奥陶-三叠系灰岩、白云质灰岩等,形成以锶型为主的矿泉水。

沿江地区上游以中新生代地层为主,地层岩性主要为新近系砂岩,主要发育以锶偏硅酸型为主的矿泉水,向下游随着地层岩性的改变,矿泉水类型发育有含锂、含 CO_2 等复合型矿泉水。

皖南中部、南部地区大部分地层岩性为不同时代的花岗岩、花岗闪长岩,形成了以偏硅酸型为主要类型的矿泉水。其东部、西部以中生代灰岩为主,形成以锶型为主的矿泉水。

二、矿泉水形成的地质构造条件

地质构造条件包括断裂构造、岩浆活动、新生代沉积盆地等条件。这些条件为矿泉水的形成提供了物质基础(来源),并为矿泉水出露创造了外动力条件、运移条件和化学条件。

(一)断裂构造与矿泉水形成的关系

断裂构造为矿泉水的出露提供了有利的外动力地质条件。活动性断裂经多次构造运动,有利于形成深切沟谷,有利于大气降水沿裂隙渗入和向纵深运移。地下水经断裂构造深循环,径流中升温,其溶解能力增强,促进水岩交换,强化了水对周围岩石的淋滤和溶解作用,从而使地下水中溶解了多种矿物质。断裂带又成为矿泉水循环交替运移的主要途径。矿泉水分布与断裂构造关系如图 5.7 所示。

安徽省地质构造复杂,断裂构造发育,仅深、大断裂即有 39 条,次一级或更小规模的断裂更是不计其数。许多断裂活动具有多期性和持续性,规模较大,错断、沟通不同岩层,为地下水的储存、运移和富集提供了空间。断裂以北东向和近东西向最发育,次为近南北向和北西向,对局部地区矿泉水的形成有着重要影响。赋存矿泉水的断裂带除部分裸露外,大多有厚薄不一的覆盖层,具有一定的封闭性,地下水不仅在此处蓄积,沿断裂带向深部循环,并对围岩进行水岩交换,多种矿物质溶入水中形成矿泉水。据调查,郯庐断裂带、沿江破碎带、蜀山断裂(合肥-六安)、绩溪断裂(宁国-屯溪)、休宁断裂(祁门-三阳)、刘府断裂(长丰-蚌埠)等及其次级或共轭断裂,都是偏硅酸银矿泉水为主的分布较为集中的地带。在合肥(红层)和蚌埠(变质岩)两地区,断裂交错、密集,形成构造网络,已构成"构造网络型矿泉水田"。

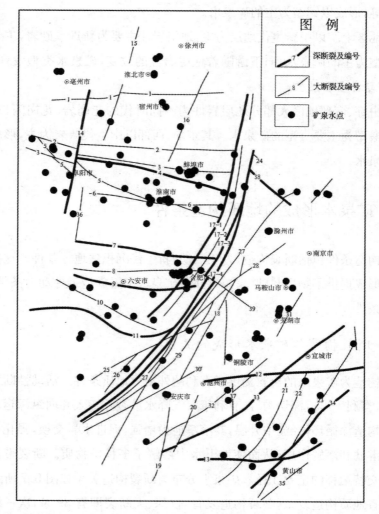

主要断裂编号及名称:1. 宿(州以)北断裂;2. 利辛断裂;3. 怀远断裂;4. 刘府深断裂;5. 洞山逆掩断层;6. 颍上断裂;7. (合)肥(断陷)中(部)断裂;8. 蜀山断裂;9. 六安深断裂;10. 金寨断裂;11. 磨子潭深断裂;12. 周王深断裂;13. 休宁深断裂;14. 阜阳深断裂;15. 岳集断裂;16. 刘庙断裂;17-1. 五(河)-合(肥)深断裂;17-2. 石门山断裂;17-3. 池(河)-太(湖)深断裂;17-4. 嘉(山)-庐(江)深断裂;18. 姥山逆掩断层;19. 东至断裂;20. 葛公镇断裂;21. 汤口断裂;22. 旌德断裂;23. 绩溪断裂;24. 响水断裂;25. 岳西断裂;26. 龙井关断裂;27. 黄(栗树)-破(凉亭)断裂;28. 滁河断裂;29. 罗河断裂;30. 头坡断裂;31. 清水镇断裂;32. 高坦断裂;33. 江南深断裂;34. 虎(岭关)-月(潭)深断裂;35. 岭(南)-盘(岭)断裂;36. 南照集断裂;37. 九华山断裂;38. 老嘉山断裂;39. 巢湖断裂

图 5.7 矿泉水分布与断裂构造关系图

（二）火山岩与矿泉水形成的关系

岩浆活动形成的岩浆岩,其成分主要为硅酸盐类,少量重金属以及 K、Na、Ca、Mg、Fe 等宏量元素和 Zn、Li、Sr、Se 等微量元素。同时在岩浆侵入或喷溢过程中,伴有 CO_2、H_2、H_2S、N_2、CH_4 等气体成分沿着喷发活动形成的裂隙或断裂带向上涌或受阻滞留在其中。外部大气降水沿裂隙入渗,与裂隙中的气体成分混合,使水中溶入了特种气体成分或特种非气体(成分)元素。另外,围岩受热变质作用,也产生 CO_2 等气体成分,以同样方式与水混合;深部的地下水在岩浆活动过程中,被加热升温,使很多与岩浆作用有关的矿物成分和气体成分更容易溶于水中,并能沿一些裂隙向上运移。这一切为矿泉水的形成提供了物质来源。

安徽省岩浆活动较频繁,众多岩浆岩及其风化产物为偏硅酸及一定量的锌、锂等微量组分提供了物质来源。尤其皖东玄武熔岩分布区,为矿泉水的形成提供了重要条件。不仅玄武岩本身裂隙、气孔发育,多旋回喷发形成的砂砾岩、胶结疏松,具有良好的储水条件,凡玄武质熔岩隐伏区均赋存偏硅酸型矿泉水,构成层间型矿泉水田。

（三）新生代沉积盆地与矿泉水形成的关系

新生代沉积盆地也为矿泉水的形成提供了物质来源并创造了水化学条件。这些断陷盆地,沉积有厚达数百米甚至几千米的湖相-河湖相的松散岩类、碎屑岩、泥岩等沉积物及一些盐类和有机物。盆地基底构造复杂,存在大量的热能、沉积物和高热岩体,富含 K、Na、Ca、Mg、SiO_2 及 Sr、Li、Br、I 等多种盐类和微量元素。盆地内的地下水在水热作用下,溶入多量的盐类和微量元素。盆地上部通常由很厚的黏土层、泥岩构成覆盖层,起着阻水隔热保温作用,使深部的水热流或热能得以保存,从而在盆地内有利于形成偏硅酸水、锶水以及碘矿泉水。

受郯庐、宿北和颍上、洞山等深、大断裂控制的淮北新生代沉积盆地,沉积了湖沼相-河湖相碎屑岩、泥岩和松散沉积层,组成淮北平原。盆地西部和南部的沿淮断陷带古近系发育,有机质黏土(岩)层中,吸附有较多的碘等元素,砂砾(岩)层锶、偏硅酸也较富集,在良好封闭的环境下,有利于碘、锶、偏硅酸等元素的聚集和保存,故可形成碘锶矿泉水和"多微"矿泉水。而浅部广布的更新的松散沉积物,由于沉积环境和物质组分差异,仅见锶偏硅酸水或单指标(锶或偏硅酸)矿泉水。矿泉水分布与新生代沉积盆地关系如图 5.8 所示。

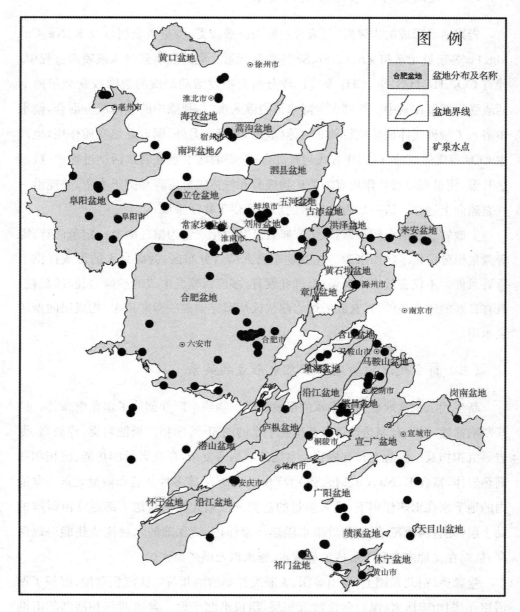

图 5.8 矿泉水分布与新生代沉积盆地关系图

三、矿泉水形成的岩石地球化学条件

岩石地球化学条件是矿泉水形成的基础,岩石中的矿物成分决定了矿泉水特征组分的形成。在不同岩性地层中,分别出露不同类型的矿泉水。从安徽省矿泉水所赋存的岩土体类型看,大致可归结为花岗岩(含闪长岩)类、变质岩(含混合岩)类、火山岩类、碳酸盐岩类和碎屑岩类(含固结与松散岩类)等数种,它们各自具有不同的岩石矿物组成和化学成分(表5.1)。

(一)花岗岩(含闪长岩)类地球化学特征

花岗岩类以富含硅酸盐和铝硅酸盐矿物为主要特征,其矿物成分主要为斜长石(35%～55%)、钾长石(10%～20%)、石英(20%～40%),次为黑云母(1%～9%)和少量角闪石。一般岩石化学成分是:SiO_2含量71%～75%,Al_2O_3含量11%～14%,MgO含量0.16%～0.25%,CaO含量0.2%～0.7%,Na_2O含量3.1%～4.0%,K_2O含量4.2%～4.8%。微量元素Zn含量63 ppm[①]～110 ppm,Sr含量220 ppm～303 ppm。

(二)变质岩(含混合岩)类地球化学特征

变质岩(混合片麻岩)的新生矿物为斜长石(5%～25%)、更长石(15%～50%)、石英(5%～15%)、黑云母(5%左右);其岩石化学成分是:SiO_2含量56.8%～62.1%,Al_2O_3含量16.1%～17.7%,MgO含量2.5%～4.0%,CaO含量4.7%～7.7%,Na_2O含量3.6%～5.0%,K_2O含量0.7%～1.1%,锶含量100 ppm～500 ppm。混合花岗岩(蚌埠地区)的矿物成分为:钾长石含量45%～50%,斜长石含量15%～25%,石英含量25%～30%,黑云母含量2%～3%。

(三)火山岩类地球化学特征

火山岩类以玄武质熔岩对矿泉水的形成最为重要。岩性主要为橄榄玄武岩,斑状结构。斑晶为橄榄石(5%)、辉石(3%)和少量钠长石,基质由斜长石(70%)、

---

① ppm表示10^{-6}。

辉石（10%）、橄榄石（10%）及磁铁矿（2%）组成。岩石化学成分：SiO_2 含量 43%～50%，Al_2O_3 含量 13%～15%，MgO 含量 4%～7%，CaO 含量 8%～10%，Na_2O 含量 3%～4%，K_2O 含量 1%～2%。微量元素 Zn 含量 80 ppm～125 ppm。Sr 含量 200 ppm～500 ppm。

（四）碳酸盐岩类地球化学特征

碳酸盐岩类按成分可分为灰岩和白云岩两个基本类型，分别由方解石和白云石等碳酸盐矿物组成。灰岩的化学成分以 CaO 为主，一般大于 50%，MgO 含量小于 1%，Al_2O_3 和 Fe_2O_3 含量多小于 0.2%；白云岩 MgO 含量可达 19%～21%，CaO 含量为 26%～31%，Al_2O_3 和 Fe_2O_3 含量均小于 1%。该类岩石有着较高的含锶背景，含锶量一般为 505 ppm～610 ppm。

（五）固结碎屑岩类地球化学特征

固结碎屑岩类泛指古近系以前的岩屑砂砾岩、长石石英砂岩、钙泥质粉砂岩和泥质岩等。其中又以白垩系和古近系红色碎屑岩为主。主要成分为石英及硅质岩屑（＞70%）、长石（15%～20%）、胶结物（10%左右）。主要化学成分为：SiO_2 含量 68%～76%，Al_2O_3 含量 9%～17%，Fe_2O_3 含量 2%～5%，MgO + CaO 含量 0.77%～5.35%。这类碎屑岩的锶含量为 175 ppm～422 ppm。

（六）半固结与松散碎屑岩类地球化学特征

半固结与松散碎屑岩类以灰色为基本色调，包括灰白、灰绿，总体呈紫红色的新近系半固结黏土、砂层，与主色调为黄色，含灰黄、棕黄，有时呈棕红色的第四纪松散砂层和黏土、亚黏土，两者的矿物组成类同。砂层均以石英、长石为主，次为方解石和黑云母，重矿物中除了钛铁矿、石榴石等普遍分布外，第四系重矿物中还有较多的角闪石、绿帘石、磷灰石。黏土、亚黏土的主要矿物是伊利石、蒙脱石、高岭石、水云母和地开石，并含较多的碳酸盐矿物。化学成分是：SiO_2 含量 56%～90%，Al_2O_3 含量 10%～15%，CaO 含量 2.5%～9.5%，MgO 含量 1.2%～2.5%，K_2O 含量 1.8%～2.4%，Na_2O 含量 0.7%～1.4%。第四系锶含量为 20 ppm～100 ppm，且淮北平原西部高于东部。新近系黏土不仅锶含量可达 200 ppm，而且碘含量达 2.90 ppm～5.95 ppm。

表 5.1　主要沉积岩、岩浆岩中元素的平均含量(ppm)

岩类		Sr	Si	Li	I	Zn	Se
沉积岩	页岩	300	73 000	66	2.2	95	0.6
	页岩、黏土	450	23 800	60	1	80	0.6
	砂岩	20	368 000	15	1.7	15	0.05
	碳酸盐岩	610	24 000	5	1.2	20	0.08
	深海沉积碳酸盐岩	2 000	32 000	5	0.05	35	0.17
	黏土	180	250 000	57	0.05	165	0.17
岩浆岩	超基性岩	1	205 000	0.1	0.5	5.0	0.05
		10	190 000	0.5	0.01	30	0.05
	基性岩	465	230 000	17	0.5	105	0.05
		440	240 000	15	0.5	130	0.05
	中性岩　正长岩	200	291 000	28	0.5	130	0.05
	中性岩　闪长岩	800	260 000	20	0.3	72	0.05
	酸性岩　富钙	440	314 000	24	0.5	60	0.05
	酸性岩　贫钙	100	347 000	40	0.5	39	0.05
	酸性岩　花岗岩	300	323 000	40	0.4	60	0.05

综上所述,各岩类都有较好形成矿泉水的地球化学背景,仅因水文地质和水岩作用条件差异,矿泉水类型有所不同而已,但地球化学条件仍是决定矿泉水物质来源和类型的基础。

四、矿泉水形成的补径排条件

矿泉水和普通地下水一样,不断参与地球表部和深部的水循环,从而矿泉水也有补给、径流、排泄这样一个循环过程。对资料的收集和分析表明,安徽省矿泉水的主要补给来源为大气降水。根据同位素测试数据,矿泉水中 δO^{18} 为 5.39‰～40.5‰,δD 为 6.53‰～55.1‰,均落在全国降水线附近,说明矿泉水来源属大气降水入渗水。然而降水入渗补给条件又受控于气象水文的地质地貌等众多因素。

从总体看,安徽降水还是比较充沛的,尤其皖西山区和皖南山区,降水量大(年降水量在 1 500 mm 以上），地形高耸，岩石裸露条件较好，风化、构造裂隙发育。江淮东部和沿江分布的低山、丘陵，也具岩石裸露、裂隙发育和降水量较大（1 000 mm以上）的特点，这就为入渗补给创造了有利条件，水的循环交替较为活跃，加之地形切割加剧，沟谷发育，故有众多泉水出露。泉水出现无疑缩短了地下水的运移途径和水岩作用过程，因此上述地区不仅矿泉水分布较为集中，而且水的溶解性总固体较低，特征组分大多单项达标。矿泉水动态受降水影响较为明显，宏量和微量组分均有丰水期低、枯水期高的特点。靠近山丘入渗区和淮北平原第四系浅层水的矿泉水井亦如此，其动态变化较之泉水稍有滞后。

在江淮丘陵含水性弱的隐伏红层、变质岩分布区内，隐伏断裂发育，断裂带成为矿泉水相对富集空间和运移通道；隐伏玄武质熔岩分布区和沿江冲积平原更新统砂层埋藏区，赋存层间孔洞裂隙水和层间孔隙水，这些地区都是地下水的径流区，接受邻区径流或深部断裂带补给。前述断裂带脉状水和层间水在径流过程的较好的封闭环境下，通过水岩作用，围岩的部分矿物质溶入水中形成矿泉水。合肥和蚌埠地区、来安、天长、芜湖和安庆地区的矿泉水即属此类。这些矿泉水均为双项达标的偏硅酸锶水。水岩作用强弱则对矿泉水宏量和特征组分含量有所影响，水岩作用强，则组分含量高，反之则低。

大别山北麓的淮北平原新生代盆地，其深部冲洪积扇地下水水化学类型，由南到北 $HCO_3\text{-}Ca \cdot Mg—HCO_3\text{-}Ca \cdot Na—HCO_3\text{-}Na \cdot Ca—HCO_3\text{-}Na$ 的演变过程，即反映了地下水径流由强交替带发展到缓慢交替带，含水层结构由厚层含砾石粗砂演变到较薄的多层粉砂（图 5.9），补给条件差，径流滞缓，基本处于停滞状态，沉积物中锶、碘等微量元素及钾、钠、钙、镁、氯化物等在封闭条件良好的还原环境下保存下来，通过充分的水岩作用溶入水中，得以形成溶解性总固体较高的氯化物型锶碘水（如古井）和"多微"水（如潘集Ⅲ井）。

五、矿泉水形成的水岩作用条件

水岩作用——溶滤、溶解、沉淀和离子交换是一个很复杂的物理、化学过程。水岩作用强弱取决于围岩矿物、化学成分、径流条件和作用过程条件，并直接影响矿泉水的物理性质与化学成分。

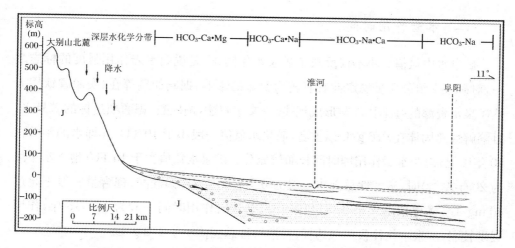

图 5.9　淮北平原新生代盆地矿泉水形成的补径排条件示意图

参考安徽省阜南县焦陂酒厂 JP02 井饮用天然矿泉水勘察评价报告拟编

（一）岩石性质

作为水质组分主要物质来源的岩石矿物、化学成分，对矿泉水形成具有重要影响。根据前述地层岩性条件、岩石地球化学条件，从矿泉水研究角度可概括为碳酸盐岩和非碳酸盐岩两大类。

（1）碳酸盐岩类：由于方解石、白云石的大量存在，故 CaO 含量自 26% 至大于 50%，MgO 含量为 20% 左右，属高 Ca·Mg 岩类，含 CO_2 的水与 $CaCO_3$ 或 $MgCO_3$ 发生溶解作用，形成 HCO_3-Ca 或 HCO_3-Ca·Mg 型水，岩石中的锶同时溶入水中形成锶矿泉水。当环境中存在富含 SiO_2 的碎屑岩或岩浆岩时，水岩作用结果则形成锶偏硅酸水。

（2）非碳酸盐岩类：SiO_2 含量高达 45%～76%，Al_2O_3 含量为 10%～20%，显然系硅酸盐、铝硅酸盐矿物大量存在的结果，属高硅、铝岩类。含 CO_2 的水与这类矿物发生作用后，这些矿物处于溶解-沉淀的动平衡状态，产生更难溶解的次生矿物，如钠长石-高岭石或钠蒙脱石、钾长石-高岭石、钙长石-高岭石或钙蒙脱石、角闪石-高岭石等。进一步溶解和离子交换作用的结果，水中出现 HCO_3、CaO、Na 及 H_4SiO_4，因而形成 HCO_3-Na（或 Na·Ca）型水和 HCO_3-Ca、Mg 型水，H_4SiO_4 不断溶解，即形成 H_2SiO_3。含锶矿物（钾长石最高，次为斜长石、角闪石）溶解后，锶进入水中，于是在非碳酸盐岩类分布区，普遍有锶偏硅酸矿泉水的形成。

（二）水岩作用时间

矿泉水中氚值大小不仅反映了矿泉水年龄,也是说明水岩作用强度的标志之一,对矿泉水组分含量稳定性有着较为明显的影响,据阎如璁等在《安徽省饮用天然矿泉水资源的基本特征与形成规律》一文中叙述,偏硅酸、锶两项达标的矿泉水、且溶解性总固体在 0.6 g/L 以上者,矿泉水氚值一般小于 10 TU,亦即水的年龄在 40 年以上,说明水岩作用因时间长而较充分。矿泉水氚值大于 15 TU(地下水年龄为 20 年左右)时,溶解性总固体一般为 0.3 g/L 左右,偏硅酸、锶含量一般不超过 40 mg/L。若氚值增大至 20 TU 以上时,则水岩作用时间一般为 10～15 年,作用强度较弱,矿泉水往往仅单项达标,且溶解性总固体小于 1.2 g/L。

（三）CO_2 影响强度

水中的 CO_2 愈多,水岩作用愈强烈,溶入矿泉水中的矿物质愈多。已有资料表明,安徽省矿泉水中游离 CO_2 虽均不高,但对 H_2SiO_3 含量却有明显影响,例如当游离 CO_2 低于 10 mg/L 时,H_2SiO_3 含量一般在 30 mg/L 以下,当游离 CO_2 含量增至 20～40 mg/L 时,H_2SiO_3 含量也相应增大至 60 mg/L 以上。

（四）岩石风化程度

岩石风化程度对水岩作用有着较大影响。以蚌埠地区混合岩中的矿泉水为例,尽管赋存层位和水中氚值相似(20 T·U 左右),产自断裂带的矿泉水,岩石虽较破碎,但风化程度较低,不利于元素迁移,故溶解性总固体、锶含量总体不高。产于风化带的矿泉水,岩石风化、松散提高了元素的迁移能力,有利于水岩作用,故溶解性总固体、锶含量有所增高。而偏硅酸含量变化则与其相反,断裂带矿泉水硅酸含量达 62 mg/L,风化带水仅为 32～47 mg/L。究其原因,乃系硅酸盐矿物在水解过程中,硅在水中以 H_2SiO_3 胶体形式存在,易被风化颗粒吸附,故偏硅酸必然相应减少,而风化程度较低的断裂带,在同样水岩作用条件下,H_4SiO_4 被吸附的数量减少,因而水中的偏硅酸即相应增多,说明岩石风化程度是评价水岩作用时不可忽视的因素。

第二节 矿泉水成因类型

综合前叙安徽省矿泉水的分布与形成条件,天然矿泉水不仅分布较广,而且见诸于各种岩类和水文地质背景,说明岩性条件和水文地质要素对矿泉水形成具有普遍意义。不仅如此,还进一步受地质构造和地质结构制约。综合已有矿泉水形成条件、产出分布和水质特征的基础上,考虑安徽省地质构造背景,通过矿泉水的控制因素和赋存规律的分析,可将安徽省矿泉水的成因类型初步划分为阻涌型、断裂型和层间型三大基本类型,再根据岩性和水文地质条件的差异,进一步划分为6个亚型,详见表5.2。

表5.2 安徽省天然矿泉水成因类型划分一览表

成因类型		模式简图	矿泉水类型	分布
型	亚型			
Ⅰ.阻涌型 地形地貌和地质结构是控制矿泉水形成的主要因素,矿泉水径流受阻出露地表,以上升泉形式排泄	Ⅰ-1.沉积岩阻涌型赋存于碎屑岩、碳酸盐岩中的矿泉水,因遇阻水断层或地质体阻截涌出地表,形成上升泉,可直接开发利用		部分锶矿泉水,部分偏硅酸锶矿泉水	江淮丘陵和皖南山区、沿江低山
	Ⅰ-2.混合岩阻涌亚型赋存于岩浆岩、片麻岩中的矿泉水,受阻水断层或地质体阻截上涌成泉,可直接开发利用		偏硅酸矿泉水	皖南山区和大别山区

成因类型		模式简图	矿泉水类型	分布
型	亚型			
Ⅱ. 断裂型 发育于各类岩层中的导水断裂是矿泉水形成的主要控制因素和运移通道，矿泉水体呈埋藏式脉状或片状展布	Ⅱ-1. 通道储水亚型矿泉水形成，储集于隐伏导水断裂带，只宜水井开采		偏硅酸矿泉水	江淮丘陵、沿江和淮北平原北部丘陵区
	Ⅱ-2. 顶托储水亚型矿泉水通过隐伏导水断裂通道顶托补给上覆砂层或风化带，形成顶托储水层，只宜水井开采		偏硅酸锶矿泉水	沿江和沿淮地区
Ⅲ. 层间型 地质结构和沉积环境是矿泉水形成和储存的主要控制因素，矿泉水体呈埋藏式层状展布	Ⅲ-1. 沉积盆地亚型矿泉水形成、赋存于新生代沉积盆地中的砂（岩）层、砂砾（岩）层，只宜水井开采		中、上部为偏硅酸锶矿泉水，下部为碘锶矿泉水	淮北平原
	Ⅲ-2. 隐伏状熔岩亚型 形成赋存于隐伏的新近纪多旋回层状玄武岩质熔岩中的矿泉水，只宜水井开采		偏硅酸锶矿泉水	与江苏毗邻的明光、来安、天长玄武岩丘陵区

一、阻涌型

阻涌型矿泉水是指矿泉水径流受阻后涌出地表，以泉水形式排泄的矿泉水点。其形成和产出条件主要受控于地形地貌和地质结构，泉水点分布于地质结构比较复杂、地形起伏的丘陵山区。依据矿泉水形成背景和水质不同，可分为沉积岩阻涌亚型和混合岩阻涌亚型两个亚型。

（一）沉积岩阻涌亚型

矿泉水主要赋存于碳酸盐岩、碳酸盐岩夹碎屑岩和碎屑岩中。地下径流受阻水地质体（岩体、脉岩）或断层阻截而涌出地表形成上升泉。因径流途径、循环和水岩作用时间大多较短，属开放或半封闭环境，水交替条件较好，故水化学类型均属低溶解性总固体的重碳酸盐水。矿泉水赋存的岩性不同，矿泉水水质类型亦有差异。碳酸盐岩中的矿泉水均为单项锶水，如清溪1号泉、老山双泉1号泉、宣城雪峰山泉、小岭塘泉等矿泉水即属此；碳酸盐岩夹碎屑岩和碎屑岩（个别为火山岩）中的矿泉水，则为双项达标的锶偏硅酸水。该类矿泉水主要分布于江淮和沿江地区的低山丘陵以及皖南山区，泉水出露区的自然环境较好，有利于卫生防护，矿泉水可直接饮用。这类泉水中，也有个别循环深度较大者，具低温热水性质，如宁国小岭塘（水温23 ℃），东至香口（水温39 ℃），虽有冷水混入，其特征组分含量仍保持较高的水平，如单项锶含量最高达1.095 mg/L（小岭塘），双项锶、偏硅酸也可分别达到0.61～0.64 mg/L和58.5～78.0 mg/L（香口）。该成因类型由于循环和水岩作用时间大多较短，水岩作用不充分，也形成部分矿泉水点特征组分在临界值附近徘徊，形成特征组分不稳定水，如滁州市琅琊区幽栖泉，锶含量为0.24～0.28 mg/L（图5.10、图5.11）。

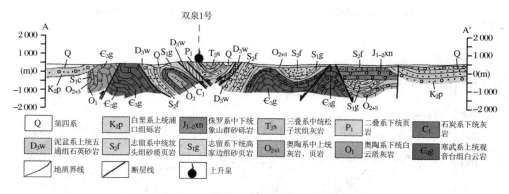

图5.10 沉积型阻涌成因类型剖面图

参考《安徽省和县香泉镇老山双泉1号泉饮用天然矿泉水补充勘查评价报告》拟编

（二）混合岩阻涌亚型

所谓混合岩，即指混合片麻岩和混合花岗岩，也包括花岗岩和闪长岩等高硅铝岩类。在这种岩类中的矿泉水沿裂隙、断裂带径流循环过程中，受阻于隔水脉岩、断层或其他阻水地质体而上涌成泉，如黄山喷玉泉、芙蓉泉、望佛亭、黟县蜀里和潜山父岭等矿泉水均属此类。这类泉水的特点是均为低溶解性总固体的重碳酸盐水,仅偏硅酸一项达标。该类矿泉水均分布在皖南和大别山区,自然环境较好,有利于开发和保护(图 5.12、图 5.13)。

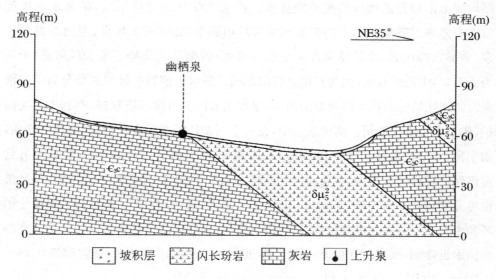

图例: 坡积层 闪长玢岩 灰岩 上升泉

图 5.11 沉积型阻涌成因类型剖面图

参考《安徽省滁州市琅琊山幽栖泉饮用天然矿泉水勘查评价报告》拟编

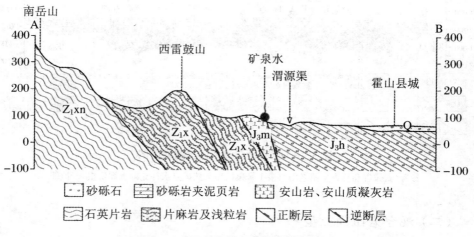

图例: 砂砾石 砂砾岩夹泥页岩 安山岩、安山质凝灰岩 石英片岩 片麻岩及浅粒岩 正断层 逆断层

图 5.12 混合岩阻涌成因类型剖面图

参考《安徽省霍山县城关镇张家冲霍山县保健饮品厂 S1 泉饮用天然矿泉水勘查评价报告》拟编

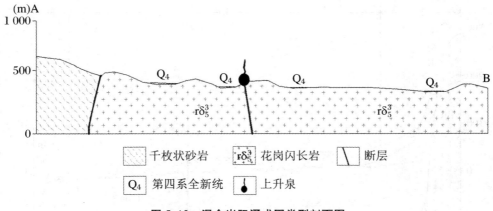

图 5.13　混合岩阻涌成因类型剖面图

参考《安徽省黟县蜀里泉饮用天然矿泉水勘查评价报告》拟编

二、断裂型

发育于各岩类中的隐伏导水断裂带是矿泉水形成的主要控制因素和运移、蓄积空间。矿泉水体呈埋藏式脉状或片状展布，除基岩山区和淮北沉积盆地外均有分布。该类矿泉水为安徽省矿泉水的主要类型。矿泉水动态相对较为稳定，水质较好。依据储水构造的不同组合，又可进一步划分通道储水亚型和顶托储水亚型两个亚型（图 5.14）。

（一）通道储水亚型

由于断裂两侧多为弱富水或贫水岩层，导水断裂带即成为矿泉水蓄积空间，在覆盖层的保护下，形成封闭或半封闭环境，有利于矿泉水向深循环和水岩作用。矿泉水体呈埋藏式脉状展布，导水断裂密集、交错发育时，可形成构造网络型矿泉水田。这种矿泉水多在供水井的基础上，经进一步勘查后发现。矿泉水多为锶型、锶偏硅酸型水，水化学类型多为重碳酸盐型。江淮丘陵中部、沿淮和沿江地带，以及淮北北部等地基岩断裂带中的众多矿泉水均属此类，其中不少为优质矿泉水。

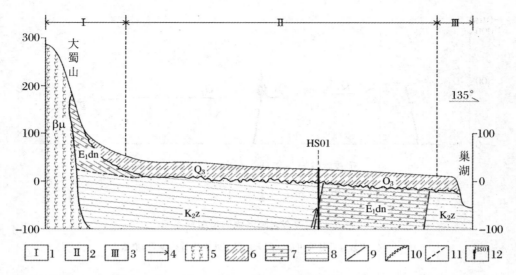

1. 补给区（强烈交替循环带）；2. 径流区（缓慢交替循环带）；3. 排泄区；4. 地下水运移方向；
5. 橄榄辉缘玄武岩；6. 上更新统粉质黏土层；7. 古新统砂砾岩；8. 上白垩统砂岩；9. 断裂
带；10. 实测与推测不整合界线；11. 假整合界线；12. 矿泉水水井及编号

图 5.14　通道储水成因类型剖面图

参考《安徽省肥西县烟墩 HS01 井饮用天然矿泉水勘查评价报告》拟编

（二）顶托储水亚型

与通道储水亚型不同之处在于，断裂带顶部有埋藏砂砾石层或基岩风化带，厚度为几米至一二十米不等，储水性能好，接受下伏导水断裂带的顶托补给，构成较好的储水构造，往往赋存水质较好的矿泉水。水体呈埋藏式片状展布，水井揭露后即可开采利用。主要分布于沿江和沿淮的芜湖湾里地区、安庆肖坑地区以及蚌埠地区。仅个别地段（霍邱八卦泉）见有砂层水穿过盖层上涌成泉，矿泉水多为锶偏硅酸水，水化学类型为重碳酸盐型。

三、层间型

层间型矿泉水具有受层位控制和层状分布以及埋藏封闭的特点，地质结构和沉积环境对矿泉水的形成起重要作用，依据含水层性质和埋藏条件，可划分为沉积盆地亚型和隐伏层状熔岩亚型两个亚型。

（一）沉积盆地亚型

沉积盆地系指组成淮北平原的一套新生代上新世以来的巨厚半固结和松散沉积层，尽管最大厚度达数百米，但结合供水、矿泉水研究和以往勘察评价深度等因素，深度一般不超过 350 m。根据安徽省目前对淮北平原地下水的研究现状，淮北平原沉积盆地 350 m 以上可区分浅层（50 m 以浅，Q_3-Q_4）、中深层（50～150 m，局部可达 200 m，Q_1-Q_2）和深层（150～350 m，N_2）三个含水岩组（图 5.15、图 5.16）。

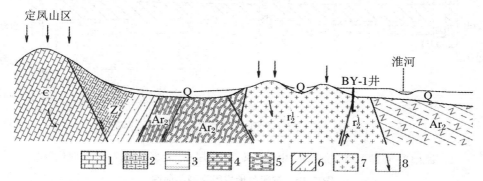

1. 灰岩；2. 泥灰岩；3. 砂岩；4. 大理岩；5. 浅粒岩；6. 黑云母斜长片麻岩；
7. 花岗岩；8. 地下水运动方向

图 5.15　顶托储水成因类型剖面图

参考《安徽省蚌埠市吴湾路油厂 BY-1 井饮用天然矿泉水勘查评价报告》拟编

浅层、中深层含水岩组由一套河湖相黏性土与粉、中、细砂互层组成，砂层呈层状或透镜状含水层，部分地段（湖相沉积集中和古河道带）赋存矿泉水，水化学类型为重碳酸盐型水，浅层砂层含单指标锶水（蒙城永乐圣泉）。中深层砂层则多为偏硅酸型水，当有部分新近系砂（岩）层水混合时，局部可形成锶碘水（太和）。浅层含水岩组受降水影响较为显著，中深层则有滞后（2～4 个月），入渗补给量不丰富。

深层含水岩组由湖沼相黏土（岩）夹砂（岩）层、砂砾（岩）层组成，沉积盆地西部和南部沿淮沉降带发育较好。砂（岩）层和砂砾（岩）在封闭深埋条件下，入渗补给条件差，赋存溶解性总固体较高的含碘复合矿泉（亳州古井），溶解性总固体为 1.3～1.9 g/L，矿泉水以储存量为主，动态稳定。这种类型的矿泉水因地处以地下水为主要供水源的淮北平原地区，不少集中开采地下水的城市地区（如阜阳、亳州、太和、界首等地）中深层地下水开采强度大，出现地下水位大幅度下降，甚至地面沉降，有的矿泉水产地就位于降落漏斗或沉降区内。

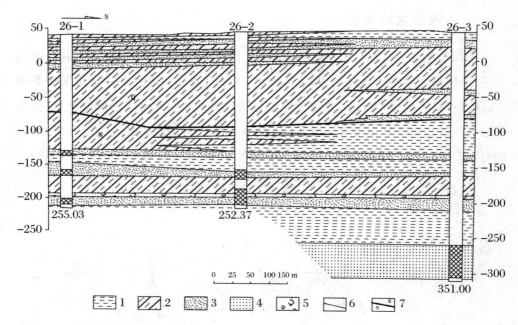

1. 黏土；2. 亚黏土；3. 粉砂；4. 中粗砂；5. 钙质层；6. 地层界线；7. 地质时代界线

图 5.16　沉积盆地成因类型剖面图

参考《安徽省亳州古井酒厂饮用天然矿泉水勘察评价报告》拟编

（二）隐伏层状熔岩亚型

主要分布于毗邻江苏的嘉山、来安、天长等地的新近系玄武质熔岩丘陵平原区。正由于火山活动具有多旋回和良好的韵律结构，每个韵律均以玄武质熔岩喷溢开始，以碎屑沉积告终。熔岩气孔、裂隙发育，碎屑岩胶结较差，含水性能较好，在低缓地带又被覆盖的情况下，为矿泉水的形成提供了良好条件。该类型矿泉水呈层状分布，水质良好，多为锶偏硅酸矿泉水，溶解性总固体多小于 0.5 g/L，水化学类型多属重碳酸盐型，如明光明龙井、来安邵集、天长泉水庄等矿泉水均属此类。熔岩裸露区接受降水入渗，并向隐伏区径流，因径流途径较短，故矿泉水动态受降水影响较为明显（图 5.17）。

根据上述不同成因类型矿泉水的区域分布特点，可展示出安徽省矿泉水赋存的如下基本规律：中、低山区以阻涌型矿泉水为主；丘陵地区、山间谷地和河谷平原则以断裂型矿泉水居多；而层间型矿泉水则主要集中在开阔平原和山前平原地带。

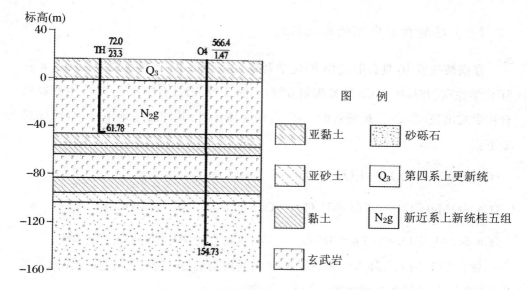

图 5.17　隐伏层状熔岩成因类型剖面图

参考《安徽省天长市泉水庄饮用天然矿泉水勘察评价报告》拟编

第三节　典型矿泉水特征组分成因机制分析

一、锶(Sr)成因机制分析

　　Sr 属于碱土元素类,在闪长岩、花岗岩、黏土岩和碳酸盐岩地层中,Sr 含量相对比较富集,是提供 Sr 元素来源的主要母岩。地下水中含有的 CO_2 有利于 Sr 溶解于水形成 Sr 矿泉水。地下水中 Sr 的含量在很大程度上取决于其形成的地球化学环境和 Sr 的习性。在岩石风化过程中,特别是长石分解,Sr 盐与富含 CO_2 的水相互作用,有利于 Sr 的析出。由于 Sr 盐的溶解度相对较小,而且受水的酸碱度、温度的控制,因此在富含 Sr 的地层中能否形成 Sr 矿泉水,很重要的因素还决定于水的侵蚀度及地下水的渗流条件。含侵蚀性 CO_2 的水与富含 Sr 岩石互相作用有利于 Sr 的溶解,从而大大增加了它在水中的溶解度,因此水中 Sr 的含量可显著增高。

（一）碳酸盐岩中锶的形成机理

在碳酸盐岩中，具有形成 Sr 的化学背景，由于 Ca 和 Sr 具有类质同相，Ca 和 Sr 化学性质相似，在含 Ca 的矿物如方解石、白云石、钙长石中常有 Sr 伴生并以化合物形式出现，当 Ca^{2+} 被分解时，Sr^{2+} 也同时被溶解，共同溶于地下水中，反应式如下：

$$(Ca.Sr)CO_3 + CO_2 + H_2O \longrightarrow Ca^{2+}(Sr^{2+}) + 2HCO_3^-$$

$$(Ca.Sr)Mg(CO_3)_2 + CO_2 + H_2O \longrightarrow Ca^{2+} + Mg^{2+} + Sr^{2+} + 2HCO_3^- + CO_3^{2-}$$

$$(Ca.Sr)Al_2Si_2O_8 + 2CO_2 + 3H_2O \longrightarrow Ca^{2+}(Sr^{2+}) + Al_2Si_2O_5(OH)_4 + 2HCO_3^-$$

含有 CO_2 的大气降水就能溶解含 Sr 的碳酸盐、硅酸盐矿物，从而增加地下水中 Sr 的含量，达到矿泉水标准。

（二）含硅碎屑岩（硅酸盐岩）中锶的形成机理

在含硅碎屑岩（硅酸盐岩）中，地下水中的碱、碱土金属离子对含硅碎屑岩（硅酸盐岩）次生矿物中锶类质同相（异价或等价）置换也可使地下水含 Sr，其反应式为

$$SrSiO_3 + CO_2 \longrightarrow SrCO_3 + SiO_2$$

硅、钙质水解过程中（钾长石、钙长石同质多相变体），Sr 尚可取代钙、钾的位置：

$$(Sr.K)AlSi_3O_8 + H^+ + 9/2H_2O \longrightarrow Sr^{2+}(K^+) + 1/2Al_2Si_2O_5(OH)_4 + 2Si(OH)_4$$

$$(Sr.Ca)AlSi_2O_8 + 5H^+ + 1/2H_2O \longrightarrow Sr^{2+}(Ca^{2+}) + 1/2Al_2Si_2O_5(OH)_4 + Si(OH)_4$$

$$(Ca.Sr)Al_2Si_2O_8 + 2CO_2 + 2H_2O \longrightarrow H_2Al_2Si_2O_8 + 2HCO_3^- + Ca^{2+}(Sr^{2+})$$

（三）松散岩类中锶的形成机理

安徽省淮北平原分布大面积的松散岩类，主要为第四系和新近系未固结松散层，钙质成分比较富集，普遍发育有白色钙质黏土、钙质结核碎块（伴有 Sr 的共生产物）和钙质胶结的砂岩，因此也伴有 Sr 的富集，为矿泉水的形成提供了必要的物质来源。此外，厚层的松散层深处所处的物理、化学环境和水动力条件，对促进 Sr 的溶解和相对富集也是有利的，经过长期的水循环过程，Sr 被溶入地下水。其转

化过程为

$$CaCO_3 + CO_2 + H_2O \longrightarrow 2HCO_3^- + Ca^{2+}$$

$$Sr_2CO_3 + CO_2 + H_2O \longrightarrow 2HCO_3^- + Sr^{2+}$$

二、偏硅酸(H_2SiO_3)成因机制分析

Si 是构成地壳岩石圈的主要元素之一,占地壳总量的 25.74%,因此自然水中可普遍发现可溶性 SiO_2 组分,但在水中以胶体状态存在的 SiO_2 却较少见,大多数是以分散的硅酸盐形式存在,而偏硅酸(H_2SiO_3)则是最简单的形式。在常温常压条件下,硅酸盐在水中的溶解度是很低的,但其溶解度随温度的升高而增大。所以在地下热水中可溶性硅酸盐含量一般都是比较高的。在岩浆岩中,SiO_2 含量变化一般为 35%～85%;沉积岩中砂岩和砾岩的 SiO_2 含量达 65%～95%;而灰岩中 SiO_2 就比较低,大约只占 10%。变质岩中的 SiO_2 含量较高,如石英岩中的 SiO_2 可达 100%。地下水与周围含 SiO_2 的岩石互相作用过程中,由于岩石成分中 SiO_2 含量的差异,溶于水中的 SiO_2 含量自然也会有差异。

地下水在径流与深循环的过程中,在 CO_2 的参与下,与周围岩石中的碳酸盐、硅酸盐矿物进行水解和溶滤作用,而且地下水中二氧化碳含量越高,溶解围岩能力越强,其反应式如下:

1. CO_2 与 H_2O 的相互作用

$$CO_2 + H_2O \longrightarrow H^+ + HCO_3^-$$

$$CaCO_3 + CO_2 + H_2O \longrightarrow Ca^{2+} + 2HCO_3^-$$

2. 水与长石、方解石的作用

$$CaAlSi_3O_8 + 2CO_2 + 3H_2O \longrightarrow Al_2Si_2O_5(OH)_4 + Ca^{2+} + 2HCO_3^-$$

$$2NaAlSi_3O_8 + 2CO_2 + 11H_2O \longrightarrow Al_2Si_2O_5(OH)_4 + 4H_4SiO_4 + 2Na^+ + 2HCO_3^-$$

$$2KAlSi_3O_8 + 2CO_2 + 11H_2O \longrightarrow Al_2Si_2O_5(OH)_4 + 4H_4SiO_4 + 2K^+ + 2HCO_3^-$$

$$CaMg(CO_3)_2 + CO_2 + H_2O \longrightarrow Ca^{2+} + Mg^{2+} + 2HCO_3^- + CO_3^{2-}$$

上述水与长石反应为矿物不完全溶解,当 H_4SiO_4 在含有 CO_2 大气降水长期

作用下,继续溶解,从而形成地下水中的偏硅酸成分,达到矿泉水标准,其反应式为

$$H_4SiO_4 + CO_2 + H_2O \longrightarrow H_2SiO_3 + HCO_3^- + H^-$$

在砂层及基岩中石英矿物含量较高,地下水在高温下溶滤石英(SiO_2),经过进一步水解后形成 H_2SiO_3,其反应式为

$$SiO_2 + H_2O \longrightarrow H_2SiO_3$$

另外,辉石经风化、水解后也可形成 H_2SiO_3,其反应式为

$$4FeSiO_3 + 4H_2O + O_2 \longrightarrow 2Fe_2O_3 + 4H_2SiO_3$$

从上列水岩作用化学反应式,再结合岩石化学成分含量,可以得出矿泉水中 H_2SiO_3 系含 CO_2 的大气降水在深部循环径流过程中对硅酸盐、碳酸盐矿物长期溶滤和富集的结果。

三、碘(I)成因机制分析

I 在地下水中的迁移能力主要是由其所处环境的氧化-还原条件决定的。I 是非极性分子,而 I^- 很容易被极化,所以 I 分子在水中的溶解度极小,因此 I 主要以离子的形式存在于地下水中。I 是一种较不活泼的非金属元素,其对应的 I 阴离子却表现出较强的金属性,I 的氧化-还原电位 Eh 值只有 0.535 V。因此 I^- 在弱的氧化环境中就可以失去电子,被氧化生成游离态碘分子,在还原环境中 I 分子能够得到电子而被还原成 I^-,这种过程可用下式表达:

$$I_2 + 2e \xleftarrow[\text{氧化环境}]{} \xrightarrow[]{\text{还原环境}} 2I^-$$

这种动态平衡关系制约着 I 在地下水中的迁移程度,当地下水处于氧化环境时,I^- 向生成 I 分子的方向转移,形成沉淀或被介质吸附在表面;反之,当地下水处于还原环境时,环境介质中的 I 分子向生成易溶于水的 I^- 方向移动。这种动态平衡移动决定着地下水中 I 的丰度。

安徽省碘(含碘复合)型矿泉水主要分布于淮北平原亳州谯城区、蒙城、涡阳一带,主要赋存于新生界的深部含水层(组)之中,顶板埋深一般为 110 m 左右,底板埋深一般为 150 m,含水介质主要为细砂、中粗砂等,含水砂层厚度为 20~30 m,富水性较强,单井出水量一般为 500~2 500 m^3/d。皖西北地区的深部含水层(组)属新近系上新统,为一套陆源的湖河相沉积物,有文献在研究淮北平原第四系时指出

淮北地区的第四系大体以东经117°分为东、西两区,东部为隆起区,西部为凹陷区。凹陷区根据第四系的沉积特征,又分为四个亚区,即太和-界首凹陷亚区、涡阳蒙城相对隆起亚区、沿淮凹陷亚区、萧县砀山凹陷亚区。第四系的沉积特征反映了上新统地层沉积时淮北平原的地貌格局是东部隆起,西部凹陷。本区含碘矿泉水在平面上的分布对应于淮北平原的涡阳-蒙城相对隆起亚区,处于凹陷区与隆起区的过渡地带,该区在沉积上新统地层时,处于氧化环境之中,这种沉积条件决定着当时环境中的碘迁移方向是由碘阴离子向碘分子方向转移,即液相中的碘阴离子被氧化成碘分子,而被沉积介质所吸附,这种过程相当于碘元素本区地层中的一个"积累富集"过程;随着第四系的沉积,上新统地层由原来的氧化环境转化为封闭的还原环境,这样被吸附在介质中碘分子就被还原成碘阴离子,被溶解于地下水中,从而使平原的深部含水层地下水中的碘的含量相对较高。

本区东部的隆起区,沉积生成时的环境也处于氧化环境之中,沉积的地层也存在一个碘的"积累富集"过程,但我们在东部地区进行矿泉水水质调查时采集的水样分析结果碘的含量均较低,如在宿州市水文队院内采集一个深部含水层水样,水质分析结果碘的含量仅为 0.032 mg/L,其原因是由于本区东部在早更新世未接受沉积,而以风化剥蚀为主,由于碘也是一种易挥发的固体物质,处于风化剥蚀环境,碘易转化成汽态而散失,不利于碘在地层中的保存,因此本区东部的深部含水层地下水中碘的含量相对较低。

四、碳酸(游离 CO_2)成因机制分析

碳酸水以富含游离 CO_2 为特征,碳酸矿泉水中 CO_2 的来源有四种:① 岩浆活动过程中,其挥发性 CO_2 的逸出;② 变质作用使某些矿物在形成过程中物质分异释放 CO_2;③ 有机物质氧化分解产生 CO_2;④ 碳酸盐岩矿物的一般化学反应产生 CO_2。安徽省主要发育有含碳酸复合型矿泉水 2 处,为天长市天岛啤酒厂天岛 1 号井、芜湖市大桥镇 WS1 井。

(一)天长市天岛啤酒厂天岛 1 号井含碳酸矿泉水的形成机理

天长地区的次级凹陷和隆起的基底岩系主要为寒武、奥陶系的石灰岩和灰质白云岩,这些碳酸盐岩中的方解石可变成白云石,在高温以及岩浆作用下以水解形

式产生 CO_2 进入地下水中形成碳酸型矿泉水。其反应式为

$$2CaCO_3 + Mg^{2+} \longrightarrow CaMg(CO_3)_2 + Ca^{2+}$$

$$CaMg(CO_3)_2 \longrightarrow MgO + CaO + 2CO_2$$

$$CO_2 + H_2O \longrightarrow H_2CO_3$$

天长隆起西缘奥陶系下统多孔状灰质白云岩,细、粉晶结构,具多孔状构造,岩石孔洞发育,这些孔洞经受历次构造运动的影响,受富含碳酸地下水的溶解而形成,其古潜山为其水、气运移提供了良好的储积空间,是该区 CO_2 的主要来源。另外,该处处天长油田区域,安徽省石油勘探指挥部在天长市西北角天 45 井(位于东阳城次凹陷,距天岛 1 号井 30 km)曾打出一口高产 CO_2 气井,其中天然 CO_2 含量占 99.9%。深部储存的 CO_2 气体通过天长隆起的控制性边界北东和北西向两个方向的断裂构造作为上升通道,向上部松散岩类含水层供给 CO_2 气体,为碳酸水的形成提供了有利条件(图 5.18)。

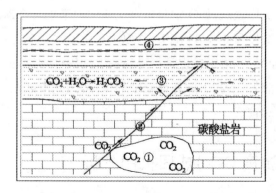

① 储气溶洞;② 导气断裂;③ 矿水层;④ 隔水层

图 5.18　天长市天岛 1 号井含碳酸矿泉水的形成机理示意图

参考《安徽省天长市天岛啤酒厂天岛 1 号井饮用天然矿泉水勘察评价报告》拟编

(二)芜湖市大桥镇 WS1 井含碳酸矿泉水的形成机理

WS1 井矿泉水中达标组分游离 CO_2,极少部分来自大气降水的带入和土壤中微生物的分解所产生,而大部分 CO_2 气体则主要来自地下深部岩石高热分离及火山活动,其运移和富集与深部较为发育的断裂密切相关。

该井矿泉水赋存于侏罗系上统紫灰色凝灰岩与第四系松散层接触带,矿水中的 CO_2 起源于岩浆活动和火山活动过程中岩浆挥发性组分的逸出。当 CO_2 气体遇到断层、裂隙、孔隙等岩石中的空洞时,气体则被贮集起来。在岩浆活动后期,由于压力和温度降低,特别有利于岩浆中挥发性组分的分异逸出,CO_2 贮集的场所取决于岩浆气体挤入距岩浆体较远的围岩空隙中,反则贮集于岩浆附近的围岩中或接触带上。地壳活动的重要特点是断裂活动显著,CO_2 气体的形成、贮集及矿泉水的分布与形成都比较严格地受断裂和断层带的控制。

第六章 安徽天然矿泉水勘查评价、鉴定及卫生保护

第一节 天然矿泉水勘查评价

20 世纪 80 年代初,我国掀起饮用天然矿泉水勘查评价的热潮。1985 年,地质矿产部以地水(1985)560 号文发出《关于开展矿泉水调查和开发工作的通知》,根据通知精神,安徽地矿局在 1986 年立项开展"安徽省饮用天然矿泉水详查"工作,正式拉开了安徽省饮用天然矿泉水勘查评价的序幕。饮用天然矿泉水勘查评价工作在 20 世纪 90 年代达到顶峰,虽然勘查评价较多,但实质上的矿泉水开发利用较少,主要是由于多年来纯净水凭借成本低廉和消费者现阶段对饮用水选择上的误区,以及消费者对纯净水在广告宣传、营销水平、品牌号召力上的选择偏好,在整体上矿泉水不敌纯净水。随着经济社会的发展,消费者对"品质生活"的需求越来越高,矿泉水已逐渐呈现代替纯净水成为人们日常饮用水的第一选择的趋势,也正因此,近几年安徽省天然矿泉水勘查评价也呈现回暖趋势,如安徽省和县香泉镇老山双泉 1 号泉饮用天然矿泉水补充勘查评价、安徽省阜南县田集镇矿泉水资源补充勘查评价、安徽省阜阳市颍州区金种子酒业 4 号井饮用天然矿泉水资源勘查、安徽省黟县蜀里饮用天然矿泉水勘查评价、安徽省岳西县经济开发区饮用天然矿泉水资源勘查等。截至 2022 年,安徽省已进行 140 处饮用天然矿泉水水源地勘查评价工作,涉及矿泉水井(泉)点 150 个。另外,省内部分地方政府主打生态品牌,积极申请矿泉水探矿普查工作,六安市霍山县、安庆市岳西县、黄山市黄山区、阜阳市阜南县等地相继开展了天然矿泉水勘查评价工作。

第二节　天然矿泉水鉴定

天然矿泉水的评审鉴定是国家的专门管理机构对开发的矿泉水水源地的勘查、开发评价报告的审查、鉴定和评定，是政府对矿泉水是否可作为饮用天然矿泉水或医疗天然矿泉水开发的认定，是对矿泉水质量和数量的认可批准把关的关键程序。在完成矿泉水勘查评价报告编写后，便可送交由国土资源主管部门组织，包括地矿、卫生、食品、技术监督、矿泉水协会等部门组成的矿泉水技术鉴定组织进行评审鉴定。省级矿泉水技术评审鉴定组（委员会）一般由原省国土资源行政主管部门牵头，会同卫生（省卫生厅、卫生防疫站）、轻工食品、技术监督、矿泉水协会等部门的专家组成"矿泉水技术评审鉴定组（委员会）"，负责对矿泉水勘查评价报告进行评审鉴定，核发鉴定证书。通过省级技术评审鉴定后，省国土资源厅向国土资源部推荐进行国家级技术评审鉴定。省国土资源或国家国土资源主管部门进行储量审查，核准允许开采量，发给储量审批决议书。有了"技术鉴定证书""储量审批决议书"，矿泉水开发利用企业就可以到省国土资源厅矿管部门申请办理开采许可证，才能建厂开发生产。

安徽省矿泉水鉴定工作始于 1985 年，当时安徽省仅有经省科委组织鉴定的黄山喷玉泉 1 处偏硅酸矿泉水，并最先投入开发。伴随着改革开放形势的发展和矿泉水产业的兴起，矿泉水勘查评价工作逐步开展。1988 年省政府批准成立"安徽省饮用天然矿泉水技术评审鉴定小组"后，规范了矿泉水的勘查评价和评审鉴定工作，工作质量逐渐提高。2014 年 8 月 12 日，国务院为推进行政审批制度改革，深入推进简政放权、放管结合、优化服务，加快政府职能转变，不断提高政府管理科学化、规范化、法治化水平，印发了《国务院关于取消和调整一批行政审批项目等事项的决定》（国发〔2014〕27 号），在"国务院决定取消和下放管理层级的行政审批项目目录"中明确取消"跨省、自治区、直辖市销售的矿泉水的注册登记"。针对该项决定，国土资源部也宣布废止《关于开展矿泉水注册登记工作的通知》和《关于做好矿泉水注册登记工作有关事宜的补充通知》，同时取消国家天然矿泉水技术评审组及其鉴定工作，停止使用"国家天然矿泉水技术评审组"专用章。为贯彻落实国务院相关文件精神,安徽省人民政府办公厅于 2014 年 10 月 29 日印发《安徽省人民政府关于衔接落实国务院第六批取消和调整行政审批项目等事项的通知》(皖政〔2014〕71 号),取消了安徽省矿泉水注册登记。2015 年 10 月 11 日,国务院再次印发《国务院关于第一批取消 62 项中央指定地方实施行政审批事项的决定》(国发〔2015〕57 号),明确提出取消矿泉水注册登记制度。至此,安徽省已不再开展矿泉水鉴定工作,此后开展的矿泉水勘查评价均只需通过安徽省矿产资源储量评审中心的成果审查与备案即可。2020 年 7 月 26 日,《安徽省自然资源厅关于贯彻落实矿产资源管理改革若干事项的实施意见》(皖自然资规〔2020〕5 号)印发实施,将矿泉水出让登记权限下放至市级自然资源主管部门。

截至 2022 年,安徽省已勘查评价的 150 个矿泉水点,通过单独国家级鉴定的矿泉水点有 17 点,通过单独省级鉴定的矿泉水点有 69 点,通过国家级和省级共同鉴定的矿泉水点有 34 点,未鉴定的矿泉水点有 30 点(图 6.1、表 6.1)。

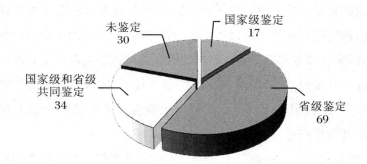

图 6.1　安徽省天然矿泉水鉴定状况饼图

表 6.1　安徽省天然矿泉水鉴定状况一览表

地级市	井(泉)点数	水源地	鉴定			
			国家和省级	国家级	省级	未鉴定
淮北	2	2			1	1
宿州	4	4	1			3
亳州	9	7		3	3	3
阜阳	13	11	2	2	6	3
淮南	13	13		4	3	3
蚌埠	18	17	7	1	9	1
滁州	15	15	4		9	2

续表

地级市	井(泉)点数	水源地	鉴定			
			国家和省级	国家级	省级	未鉴定
合肥	22	22	8	1	11	2
六安	12	11		3	6	3
安庆	6	6	3	1	2	
池州	3	3	1		2	
铜陵		2	1		1	
芜湖	8	8	1	1	5	1
马鞍山	5	5			4	1
宣城	5	5	1		2	2
黄山	13	9	2	1	5	5
合计	150	140	34	17	69	30
百分比			22.67%	11.33%	46.00%	20.00%

第三节　天然矿泉水水源地卫生保护

一、矿泉水水源地保护区分级

矿泉水水源地,尤其是天然出露型矿泉水水源地应严格划分卫生保护区。保护区的划定应结合天然矿泉水水源地的地质-水文地质条件,特别是含水层的天然防护能力、覆盖层下渗情况、补给区的环境保护情况,以及当地的环境状况,制定天然矿泉水水源地开采保护方案,科学划定区界范围。依据《天然矿泉水资源地质勘查规范》(GB/T 13727—2016),天然矿泉水水源地保护区划分为Ⅰ、Ⅱ、Ⅲ级。

(一) Ⅰ级保护区(安全保护区)

Ⅰ级保护区(开采区)范围包括天然矿泉水水源地取水点、引水及取水建筑物所在地区。保护区边界依水文地质条件和周边环境状况划定,距取水点最少为 30~50 m 半径,对自然涌出的天然矿泉水水源以及处于水源保护性能较差的地质-水文地质条件时,边界范围可根据实际条件划定。保护区范围内无关人员不得居住或逗留,不得兴建与天然矿泉水水源引水无关的建筑物,进行任何影响水源地的保护活动,消除一切可以导致天然矿泉水水源污染的因素。

(二) Ⅱ级保护区(内保护区)

范围包括Ⅰ级保护区的周边地区,即地表水及潜水向矿泉水水源取水点流动的径流地区。在天然矿泉水水源与潜水具有水力联系且流速较小的情况下,保护区边界距离Ⅰ级保护区最短距离不小于 50 m,产于岩溶含水层的天然矿泉水水源,保护区边界距离Ⅰ级保护区边界不小于 100 m 半径范围或适当扩大。范围内不得设置可导致天然矿泉水水源水质、水量、水温改变的工程,禁止进行可能引起矿泉水含水层污染的人类生活及经济-工程活动。

(三) Ⅲ级保护区(外保护区)

自然涌出的天然矿泉水水源,以水源免受污染为原则划定保护区,其范围宜包括水源补给地区。深层钻孔取水的天然矿泉水水源地保护区边界,距取水点不小于 500 m 半径范围或适当扩大。在此区内只允许进行对矿泉水水源地地质环境没有危害的经济工程活动。

二、矿泉水水源地保护区设置状况

据调查,全省已有 150 个矿泉水点由于工程建设、井泉自然损毁等原因已损毁灭失的矿泉水点有 61 点,虽然该 61 点勘查评价报告中都提出了矿泉水保护区的设置要求,但由于企业和居民对矿泉水资源基本无保护意识,均未设置矿泉水水源地的保护区。有 55 点暂未开放利用,由于前期矿泉水市场的低迷,很多矿泉水井经勘查评价后从未进行规模性生产或开采,有些虽然经历了一段时间的生产或开采,但因为矿泉水市场的低迷和市场销路的缺乏,矿泉水生产企业规模较小,管理和生产不规范,调查过程中也未发现有设置矿泉水保护区的标识或其他措施。在开发利用的矿泉水点有 34 点,获得天然矿泉水采矿权进行开发利用的企业共 9 家,由于在开发利用的矿泉水点多数是未当作矿泉水开发利用,仅仅是当地下水在开发利用,调查中也未发现严格意义上的保护区设置,少数企业设置饮用水水源保护区标识牌,但由于相当一部分矿泉水位于城市建筑物密集区(如蚌埠、合肥)或地下水强度开采的地区(如界首),面临生活和工业"三废"污染威胁或开采井的影响,卫生防护水资源管理难度很大,很难进行规范要求的保护区设置。目前,全省矿泉水保护区设置较好的当属即将开发利用的蜀里矿泉水(图 6.2),由康师傅(安徽)黄山饮品有限公司投资落户黟县宏村镇汤蜀村,2017 年 5 月正式投入生产,该企业针对矿泉水井的位置,结合矿泉水水源地保护区设置要求,已进行了矿泉水Ⅰ级保护区(开采区)、Ⅱ级保护区(内保护区)的设置,保护区内设置了有效的卫生防护措施,卫生状况良好。

图 6.2　蜀里矿泉水水源地保护区设置状况

三、矿泉水水源地卫生状况

淮北平原、江淮、沿江地区多数矿泉水点未生产,也未进行有效的水源地卫生保护措施。皖南、皖西大别山区,风景秀丽,植被丰富,原生生态环境较好,对矿泉水的卫生防护极其有利,但部分矿泉水点出露处地势相对较低,洪水季节矿泉水点易受污染。在调查的基础上,采集了 25 组水样进行了感官指标、界限指标、限量指标、污染物指标、微生物指标、简分析、现场测试;采集了 20 组水样进行了界限指标、限量指标、简分析、现场测试。通过对调查的矿泉水点的主要污染物、微生物指标测试结果进行分析,挥发酚、氰化物、阴离子合成洗涤剂、矿物油、亚硝酸盐、总β放射性均符合《饮用天然矿泉水》(GB 8537—2018)的要求,未有超标。但硝酸盐、大肠菌群、粪链球菌、铜绿假单胞菌、产气荚膜梭菌等指标均有不同程度的超标,说明部分矿泉水水源地卫生状况较差。

(一)硝酸盐

45 组硝酸盐测试结果显示,检出硝酸盐含量为 0.50～109.61 mg/L,有 42 组水样的硝酸盐含量为 0.50～35.11 mg/L,达到《饮用天然矿泉水》(GB 8537—2018)中的硝酸盐限值要求,占统计点总数的 93.33%;有 3 组水样的硝酸盐含量为 72.26～109.61 mg/L,超过了《饮用天然矿泉水》(GB 8537—2018)中的硝酸盐限值要求,占统计点总数的 6.67%,说明该 3 处矿泉水点受人类生活污染的影响较大(表 6.2)。

表 6.2 硝酸盐超标矿泉水点一览表

点号	矿泉水点名称	硝酸盐含量(mg/L)
40	怀远县荆山 HZB1 水井	109.61
57	马鞍山市霍里井	72.26
115	霍邱县临水镇 HL1 井	77.18

(二)大肠菌群

45 组大肠菌群测试结果显示,有 16 组水样检出大肠菌群含量为 0,满足《饮用天然矿泉水》(GB 8537—2018)中的大肠菌群含量要求,占统计点总数的 64.00%;有 9 组水样检出大肠菌群含量为 5 MPN/100 mL～1600 MPN/100 mL,超过了《饮用天然矿泉水》(GB 8537—2018)中的大肠菌群含量要求,占统计点总数的 36.00%,说明该 9 处矿泉水点受人类生活污染的影响较大,其中合肥市吴山庙 ZK3 井、合肥市岗集深井、和县老山双泉 1 号大肠菌群检出量均小于 10(表 6.3),说明此三处矿泉水已受人类污染影响,尤其是和县老山双泉 1 号泉在 2015 年矿泉水勘查评价过程中大肠菌群检出量还为 0,随着该泉开发利用的人类活动频繁,可能已对该泉泉域水质造成污染,需引起开发利用企业重视,加强卫生保护区的设置和有效的卫生保护措施,确保矿泉水水源卫生安全。

表 6.3　大肠菌群超标矿泉水点一览表

点号	矿泉水点名称	大肠菌群含量（MPN/100 mL）
12	合肥市吴山庙 ZK3 井	9
13	合肥市岗集深井	8
80	来安县宝林泉	1 600
81	来安县邵集自来水厂 SK01 号井	33
106	巢湖市泉疗养院 H4 深井	350
110	含山县清溪 1 号泉	22
111	和县老山双泉 1 号泉	5
129	东至县香口（Ⅰ号矿泉）	45
131	青阳县九华山天然矿泉水泉	170

（三）粪链球菌

25 组粪链球菌测试结果显示，有 22 组水样检出粪链球菌含量为 0，满足《饮用天然矿泉水》（GB 8537—2018）中粪链球菌含量要求，占统计点总数的 88.00%；有 3 组水样检出粪链球菌含量为 38 CFU/250 mL～47 CFU/250 mL，超过了《饮用天然矿泉水》（GB 8537—2018）中的粪链球菌含量要求，占统计点总数的 13.00%，均属于大肠菌群超标点范围，说明该 3 处矿泉水点受人类生活污染影响较大（表 6.4）。

表 6.4　粪链球菌超标矿泉水点一览表

点号	矿泉水点名称	粪链球菌含量（CFU/250 mL）
80	来安县宝林泉	38.00
110	含山县清溪 1 号泉	47.00
131	青阳县九华山天然矿泉水泉	45.00

（四）铜绿假单胞菌

25 组铜绿假单胞菌测试结果显示，有 12 组水样检出铜绿假单胞菌含量为 0，满足《饮用天然矿泉水》（GB 8537—2018）中的铜绿假单胞菌含量要求，占统计点总数的 48.00%；有 13 组水样检出铜绿假单胞菌含量为 67 CFU/250 mL～240 CFU/250 mL，超过了《饮用天然矿泉水》（GB 8537—2018）中的铜绿假单胞菌含量要求，占统计点总数的 52.00%，说明该 13 处矿泉水点受人类生活污染的影响较大(表6.5)。铜绿假单胞菌也是安徽省矿泉水水源地主要超标微生物指标。

表6.5 铜绿假单胞菌超标矿泉水点一览表

点号	矿泉水点名称	铜绿假单胞菌(CFU/250 mL)
14	合肥市肥东纺织厂 ZK1 井	81.00
71	黄山市甘棠镇龙王井	134.00
80	来安县宝林泉	187.00
81	来安县邵集自来水厂 SK01 号井	67.00
94	阜阳市苏集乡 QS04 井	172.00
106	巢湖市温泉疗养院 H4 深井	211.00
107	巢湖市地质疗养院供水井	178.00
110	含山县清溪 1 号泉	178.00
111	和县老山双泉 1 号泉	143.00
115	霍邱县临水镇 HL1 井	240.00
117	金寨县梅山镇恒大集团 JS1 井	160.00
129	东至县香口(Ⅰ号矿泉)	87.00
131	青阳县九华山天然矿泉水泉	194.00

(五)产气荚膜梭菌

25组产气荚膜梭菌测试结果显示,水样检出产气荚膜梭菌含量均为0,满足《饮用天然矿泉水》(GB 8537—2018)中产气荚膜梭菌含量要求,未有产气荚膜梭菌超标检出点。

第七章 安徽天然矿泉水资源开发利用及潜力评价

第一节 天然矿泉水资源现状

一、矿泉水允许开采资源量

安徽省天然矿泉水资源丰富,在全省16个地级市(74个县区)均有分布,现已勘查评价的矿泉水点达150处,天然矿泉水允许开采资源量达66 808.1 m³/d(资料来源:各单点勘查评价报告),详见表7.1。

按地级市行政区来分:阜阳市天然矿泉水允许开采资源量为12 355 m³/d,蚌埠市天然矿泉水允许开采资源量为8 561 m³/d,滁州市天然矿泉水允许开采资源量为7 789.66 m³/d,淮南市天然矿泉水允许开采资源量为7 766.9 m³/d,亳州市天然矿泉水允许开采资源量为6 328.02 m³/d,合肥市天然矿泉水允许开采资源量为5 137.26 m³/d,芜湖市天然矿泉水允许开采资源量为3 823 m³/d,马鞍山市天然矿泉水允许开采资源量为3 580 m³/d,宿州市天然矿泉水允许开采资源量为2 740 m³/d,六安市天然矿泉水允许开采资源量为2 677.48 m³/d,黄山市天然矿泉水允许开采资源量为2 510.29 m³/d,淮北市天然矿泉水允许开采资源量为1 720 m³/d,宣城市天然矿泉水允许开采资源量为702 m³/d,安庆市天然矿泉水允许开采资源量为662.49 m³/d,池州市天然矿泉水允许开采资源量为247 m³/d,铜陵市天然矿泉水允许开采资源量为208 m³/d(图7.1)。

表7.1 安徽省各地级市不同矿泉水类型允许开采资源量统计一览表

不同矿泉水类型允许开采量(m³/d)

地级市	碘型	锶型	锶偏硅酸型	锶碘溶解性总固体型	锶碘型	锶锌型	偏硅酸锌型	锶溶解性总固体型	偏硅酸	锂偏硅酸型	锂锶偏硅酸型	锶偏硅酸游离二氧化碳型	特征组分不稳定水稳	允许开采量合计(m³/d)
淮北		1 720												1 720
宿州		990	1 750											2 740
亳州	450	850		1 972.58	480			2 575.44						6 328.02
阜阳	4 255	200		600					3 700				3 600	12 355
淮南		440			600				3 216.9				3 510	7 766.9
蚌埠		200	6 821					660	880					8 561
滁州			4 271.66			50			1 008			1 200	1 260	7 789.66
合肥		2 488	2 569.26						80					5 137.26
六安		60	776				650		1 180.98				10.5	2 677.48
安庆		398.5	108						155.99					662.49
池州			17						30				200	247
铜陵			10						198					208
芜湖		530	850						100	1 200	240	700	203	3 823
马鞍山		3 130							450					3 580
宣城		472							230					702
黄山		57.02							1 978.96				474.31	2 510.29
合计(m³/d)	4 705	11 535.5	17 172.92	2 572.58	1 080	50	650	3 235.44	13 208.8	1 200	240	1 900	9 257.81	66 808.1

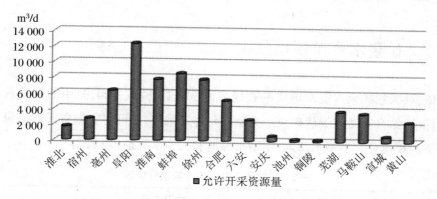

图 7.1　安徽省各地级市矿泉水允许开采资源量柱状图

按矿泉水类型来分:锶偏硅酸型天然矿泉水允许开采资源量为 17 172.92 m^3/d,偏硅酸型天然矿泉水允许开采资源量为 13 208.83 m^3/d,锶型天然矿泉水允许开采资源量为 11 535.52 m^3/d,碘型天然矿泉水允许开采资源量为 4 705 m^3/d,锶溶解性总固体型天然矿泉水允许开采资源量为 3 235.44 m^3/d,锶碘溶解性总固体型天然矿泉水允许开采资源量为 2 572.58 m^3/d,锶偏硅酸游离二氧化碳型天然矿泉水允许开采资源量为 1 900 m^3/d,锂偏硅酸型天然矿泉水允许开采资源量为 1 200 m^3/d,锶碘型天然矿泉水允许开采资源量为 1 080 m^3/d,偏硅酸锌型天然矿泉水允许开采资源量为 650 m^3/d,锂锶偏硅酸型天然矿泉水允许开采资源量为 240 m^3/d,锶锌型天然矿泉水允许开采资源量为 50 m^3/d,特征组分不稳定水允许开采资源量为 9 257.81 m^3/d(图 7.2)。

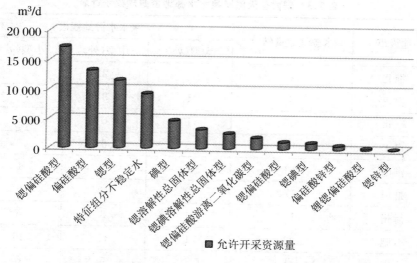

图 7.2　安徽省不同矿泉水类型允许开采资源量柱状图

二、矿泉水资源规模分级

依据《天然矿泉水资源地质勘查规范》(GB/T 13727—2016)中的矿泉水规模分级标准,结合安徽省天然矿泉水类型及允许开采量,又可将安徽省天然矿泉水水源地资源规模分为小型水源地、中型水源地和大型水源地(表7.2)。

表 7.2　饮用天然矿泉水规模分级表

矿泉水规模	饮用矿泉水	
	碳酸水(m³/d)	其他类型水(m³/d)
小型	<50	<100
中型	50~500	100~1 000
大型	>500	>1 000

安徽省虽然有 61 个矿泉水点损毁灭失,但这些矿泉水点都经过勘查评价,依然属于潜在的矿泉水水源地,因此在进行安徽省天然矿泉水资源规模分级时,不考虑矿泉水点的现状,仅根据水源地(潜在水源地)允许开采量来确定。根据表7.2中的划分标准,安徽省有大型矿泉水水源地 19 处,集中分布在阜阳、滁州等地;中型矿泉水水源地 81 处,集中分布在淮南、蚌埠、合肥等地;小型矿泉水水源地 40 处,集中分布在合肥、六安、蚌埠、黄山等地(表7.3)。

表 7.3　安徽省天然矿泉水水源地资源规模统计表

地级市	水源地数量(处)	矿泉水水源地规模		
		大型(处)	中型(处)	小型(处)
淮北	2		2	
宿州	4	1	3	
亳州	7	1	6	
阜阳	11	5	6	
淮南	13	1	11	1
蚌埠	17	2	10	5
滁州	15	4	8	3
合肥	22	1	11	10
六安	11		5	6

续表

地级市	水源地数量（处）	矿泉水水源地规模		
		大型（处）	中型（处）	小型（处）
安庆	6		3	3
池州	3		1	2
铜陵	2		1	1
芜湖	8	2	6	
马鞍山	5	1	1	3
宣城	5		4	1
黄山	9	1	3	5
合计（处）	140	19	81	40

第二节　天然矿泉水资源开发利用及存在的问题

一、矿泉水资源开发利用现状

矿泉水开发利用历史悠久。在发达国家，饮用矿泉水才是讲健康、有品位的标志。虽然我国消费者对矿泉水的认识较晚，但近几年随着媒体及各品牌的宣传，人们对矿泉水的认识已有较大提升，已经明白饮水不仅仅是解渴，还要对身体有益。因此，近年来安徽省矿泉水开发，尤其是皖西、皖南山区以生态品牌为特色的矿泉水开发正不断兴起。如 2016 年 2 月，霍山县政府与徽熳集团成功签约"大别山矿泉水项目"，该项目计划总投资额约为 11.5 亿元人民币，用地 500 亩，年产 30 万 m³ 以上优质饮用天然矿泉水；南京托尼诺投资管理有限公司与岳西县政府签约投资开发岳西矿泉水项目，项目总投资 10 亿元人民币，预计投产后，日产矿泉水 800 m³，年税收达 3 000 万元以上。康师傅（安徽）黄山饮品有限公司落户黟县宏村镇汤蜀村，占地约 17 400 m²，总投资 2 500 万美元，注册资本 1 000 万美元，目前，该公司正在进行试生产，于 2017 年 5 月正式投入生产，投入 1 条生产线，年产矿泉水 1.2 万 m³,远期设计 2 条生产线,年生产规模可达 11 万 m³ 矿泉水。

根据调查成果,全省已有 150 个矿泉水点进行了勘查评价,天然矿泉水允许开采量达 66 808.1 m³/d。截至 2022 年,由于工程建设、井泉自然损毁等原因已损毁灭失的矿泉水点有 61 点,有 55 点暂未开放利用,在开发利用的矿泉水点有 34 点,合计日开发利用量为 4 865.39 m³/d,占矿泉水可开采量的 7.28%,开发利用程度低,开发利用主要用途包括生产矿泉水系列饮料、酿酒、洗浴等,部分矿泉水井已经并入城镇生活供水管网,详见表 7.4。

调查发现,由于矿泉水手续注册、开发成本、品牌效应、产品销路、交通条件等多种原因,多数矿泉水资源闲置,在开发利用的 34 点矿泉水点中,拥有天然矿泉水采矿权进行开发利用的企业仅有 9 家(表 7.5),由于市场推广能力有限,销路限于本地区,销售量相对较少,目前大多数矿泉水企业的实际开采量远低于水源地允许开采量。

二、矿泉水资源开发利用存在的问题

安徽省现有 150 点天然矿泉水水源点,只有 34 点进行了开发利用,拥有天然矿泉水采矿权进行开发利用的企业仅有 9 家,矿泉水资源开发利用程度非常低,矿泉水资源未能得到充分、有效的开发利用,大部分都处于损毁、停产、闲置状态,水源地卫生保护状况面临恶化的威胁。

安徽省饮用天然矿泉水资源未能充分完全地得到开发利用,主要由管理部门行政审批、矿泉水开发利用及资源配置、矿泉水资源重视程度、企业品牌及规模、地域及交通、矿泉水水源地的管理和保护等多方面原因造成。

(一)行政审批环节多,程序较复杂

目前矿泉水资源的勘查开发,首先需要设置探矿权,在查明资源并符合相关产业政策时方可转为采矿权。其间须历经纳入省级矿产规划区块设置、探矿权投放、资源勘查、资源储量评审备案及资料汇交、探转采审批(资源预申请)和采矿权登记等诸多环节,在采矿登记及开采生产前须进行安全生产评价及许可、环境影响评价、水资源论证及取水许可、食品卫生许可等相关部门的审批程序,程序复杂、耗时较长。

表 7.4　安徽省天然矿泉水开发利用现状一览表

序号	统一编号	矿泉水点	井/泉	采矿权设置	开发利用单位	开发利用用途	允许开采量（m³/d）	实际开采量（m³/d）
1	4	蜀山森林公园深井	井	是	合肥蓝林科贸有限公司	生产饮料	70	10
2	13	岗集深井	井	否	甄长水	生活用水	150	8
3	44	石油化工机械厂 KBH01 井	井	否	中矿厂机械厂	生产生活用水	450	10
4	49	玉露泉	泉	否	淮南市矿泉饮料厂	生产饮料	115	5
5	69	肖黄山喷玉泉	泉	是	黄山喷玉泉天然矿泉水有限公司	生产饮料	120	40
6	71	龙王井	井	是	黄山润生绿食饮品有限公司	生产饮料	410.96	400
7	73	蜀源 QS1 井	井	是	黄山市锦飞食品饮料有限公司	生产饮料	68	60
8	74	慈坑 ZK9 井	井	是	黄山顶谷有机食品有限公司	生产饮料	90	82
9	76-1	蜀里矿泉水 ZK01 井	井	是	康师傅（安徽）黄山饮品有限公司	生产饮料	200	150
10	76-2	蜀里矿泉水 ZK02 井	井	是	康师傅（安徽）黄山饮品有限公司	生产饮料	200	150
11	80	宝林泉	泉	否	宝山林场	生活用水	90	16
12	81	邵集自来水厂 SK01 号井	井	否	邵集自来水厂	生活用水	1 100	750
13	84	詹家槽坊 B3 泉	泉	否	凤台县思源饮品有限公司	生产饮料	600	24
14	85	供销社水泥构件厂 1 井	井	否	安徽省凤阳县龙脉水饮品有限公司	生产饮料	118	35
15	90	明光酒厂 KSM01 井	井	否	明光酒厂	酿酒	600	55
16	92-1	莲花路 FPJ2 井	井	否	华润雪花啤酒有限公司	酿酒	2 300	600
17	97-1	太和县自来水公司 S3 井	井	否	太和县自来水厂	生活用水	900	500

续表

序号	统一编号	矿泉水点	井/泉	采矿权设置	开发利用单位	开发利用用途	允许开采量 (m³/d)	实际开采量 (m³/d)
18	97-2	太和县自来水公司S5井	井	否	太和县自来水厂	生活用水	900	500
19	99	田集WD02井	井	否	安徽七星天然饮品有限公司	生产饮料	1 400	6
20	101	城乡建设委员会SS01井	井	否	界首市自来水厂	生活用水	1 300	700
21	104	姬庄BG1井	井	否	姬长寿	生活用水、生产饮料	1 450	400
22	106	温泉疗养院H4深井	井	否	安徽省干部疗养院	生活用水	300	10
23	107	地质疗养院供水井	井	否	安徽省地质疗养院	生活用水	1 125	18
24	111	老山双泉1号	泉	否	和县老庵山饮品有限公司	生产饮料	70	50
25	113	东河口镇DH1井	井	是	天地精华矿泉水公司	生产饮料	240	20
26	115	临水镇HL1井	井	否	霍邱县临水酒厂	酿酒	650	120
27	116	八卦泉	泉	是	安徽庆发集团八卦泉饮有限公司	生产饮料	100	1
28	117	梅山镇恒大集团JS1井	井	否	水百金饮料有限公司	生产饮料	70	55
29	126	永乐圣泉	井	是	蒙城伍子牛饮品有限公司	生产饮料	700	5
30	129	香口（Ⅰ号矿泉）	泉	否	大众温泉洗浴中心	温泉洗浴	17	7
31	131	九华山天然矿泉水泉	泉	否	大华银杏矿泉水有限公司	生产饮料	200	5
32	133	白茅岭农场天然矿泉水泉	井	否	宣城市白茅岭饮品有限公司	生产饮料	130	27.39
33	134	长寿泉	泉	是	安徽莲黛黄山天然矿泉水厂	生产饮料	100	10
34	139	柳抱泉	泉	否	泉暖村	生活用水	100	36

表 7.5 安徽省天然矿泉水采矿权设置现状一览表

序号	采矿许可证号	矿泉水采矿权名称	采矿权人	所在地	矿区面积（km²）	有效期起	有效期止
1	C340000201012811009468	六安市大华山DH1#矿泉水厂	安徽天地精华股份有限公司	金安区（341502）	0.129	2018-01-19	2027-12-19
2	C340000200903811001634	黄山市甘棠龙王井矿泉水厂	黄山润生绿食饮品有限公司	黄山区（341003）	0.014	2018-03-18	2028-03-18
3	C340000201408814013524B	安徽省歙县慈坑 ZK9井饮用天然矿泉水	黄山顶谷有机食品有限公司	歙县（341021）	0.04	2017-08-07	2027-08-07
4	C340000201012812011303I	蒙城县三义镇01井	蒙城神泉饮品有限公司	蒙城（341622）	0.078	2017-03-27	2027-03-27
5	C340000201012812009820S	旌德县白地镇长寿泉矿泉水矿	旌德县黄山天然矿泉水有限责任公司	旌德县（341825）	2.225	2016-03-18	2026-03-18
6	C340000201603811014145I	安徽省黟县蜀里用天然矿泉水	康师傅（安徽）黄山饮品有限公司	黟县（341023）	1.59	2016-03-10	2036-03-10
7	C340000200998120037026	合肥天然矿泉水矿	合肥大美蜀山旅游服务有限公司	蜀山区（340104）	0.028	2015-09-21	2025-09-21
8	C340000201011811008122B	黄山市龙鹿泉蜀源QS1井天然矿泉水矿	黄山无极雪食品有限公司	徽州区（341004）	0.004	2021-11-14	2024-11-14
9	C340000200908811003431A	黄山牧龙矿泉水厂	黄山天然矿泉水有限公司	黄山区（341003）	0.049	2021-08-28	2024-08-28

（二）饮用天然矿泉水资源开发利用类型单一、资源配置不合理

安徽省饮用天然矿泉水资源在开发利用类型方面：水质类型比较单一，在开发利用的绝大部分矿泉水为偏硅酸、锶或两者达标。多项达标的优质复合型矿泉水基本未有开发利用。在资源配置方面：一方面优质资源闲置，另一方面优势企业无资源可用。因历史原因，一些占有丰富矿泉水资源的企业，自身能力不足，产品销量少，生产规模很小，造成资源闲置浪费，如黄山区的龙王井和肖黄山喷玉泉水源地两家企业，年开发利用水量仅为允许开采量的 5% 和 14% 左右。而后期进入的一些市场拓展能力较强的企业，如黄山市潜口镇蜀源龙鹿泉水源地的"无极雪"饮用水，由于市场宣传营销比较成功，目前销售势头较好，但其核定允许取水量为 1.22 万 m^3/a，仅为目前生产线设计用水量的 20%，水量与产能的矛盾十分突出。

（三）企业自身对矿泉水资源重视程度低

一些矿泉水企业对当地矿泉水资源开发利用一段时间后，由于产量、效益、成本等因素，只顾眼前短时利益，放弃以矿泉水的名义进行开发利用，转产为饮料、酒、天然水或山泉水等形式开发或干脆停产，甚至将包括水源井在内的地段整体出售建成住宅区，使得一些矿泉水资源因无管理、保护，面临水质污染或水井废弃，造成矿泉水资源的浪费。如天长市天岛啤酒厂天岛 1 号井含碳酸矿泉水水源地整体被开发成宇业东方红郡小区。

（四）矿泉水企业规模小，缺乏竞争力

安徽省大部分矿泉水企业规模小，资金薄弱、投资分散，设备和生产工艺落后，缺少品牌意识，宣传力度弱，缺乏长远发展思路，很大一部分企业仅仅满足于本地区、某季节的生产和运营。部分矿泉水生产企业对水质特征把握不清，市场定位不准，缺乏与生态和文化的绑定，品牌打造严重缺失，营销方式落后，造成市场接受度不高，缺乏竞争力。例如，黄山区甘棠镇龙王井、喷玉泉在 5～8 月生产旺盛，其他季节可能处于停产状态。歙县三阳乡慈坑矿泉水位于清凉峰周边地下 300 m 水源，经国家质量认证中心检测，综合指数在全国矿泉水中名列前茅。但其品牌一直变化不定，有"清凉峰""清凉风""黟山""三阳金泉"等多个品牌，难以营造品牌效应，导致优质水资源的优势效应未能显现。

（五）一些水源地分布地域偏远，交通条件差

安徽省皖西、皖南地区虽然生态环境较好，矿泉水水质好，矿泉水资源相对较丰富，但部分水源地地处山区深处，交通条件差，企业运输成本极高，也是开发利用的不利因素。

（六）矿泉水水源地缺乏严格管理和保护

安徽省大部分矿泉水企业没有按照有关规定建立严格的卫生保护区、隔离带，卫生条件较差，有导致矿泉水水源地进一步污染的风险。处于大中型城、郊区的矿泉水水源地，由于水源地过于集中，并多处于城市市区（规划区），卫生保护区很难圈定，水源地卫生保护工作难度大，周边存在居民生活、厂矿生产废水和地下排水管网渗、漏废水，对矿泉水水质产生一定威胁。

第三节　天然矿泉水资源开发利用潜力评价

一、评价方法及潜力分级

矿泉水开发利用潜力评价目前尚无统一的标准或方法，各地均按照资料掌握程度及评价需求采用不同的方法进行评价。影响矿泉水开发利用潜力评价的因素有很多，诸如矿泉水资源条件（水质、水量）、地质环境条件（补给、径流、排泄、地质构造、岩石地球化学特征、水岩作用、环境地质问题）、技术经济条件（地理位置、交通、生产开发规模、市场分析、投入产出分析、投资风险和抗风险对策）、效益条件（经济效益、社会效益、环境效益）、环境卫生条件（生态、保护区设置、水源地环境卫生状况）等。也有文献从矿泉水达标项目、水质检测项目、水文地质环境、开采条件、交通条件、污染程度、动态监测、水量大小、研究程度、评审鉴定等十个方面的指标分别按一、二、三等制定出不同的标准，并分别赋值计分为一等 10 分、二等 7 分、三等 5 分，对需要进行潜力评价的矿泉水点（水源地）打分，根据其达标情况，最后

统计定分,做出综合评价结论。

安徽省现有 150 个矿泉水点(140 处饮用天然矿泉水水源地),矿泉水资源形成的地质条件、开发利用现状差异较大,其开发利用潜力也各不相同。考虑调查工作特性,参考相关文献及资料,以水源地为评价单元,主要依据矿泉水水源地规模类型、特征组分达标类型、资源现状开采率、生态环境或卫生保护程度四项指标,概略评价水源地的开发利用潜力指数(表 7.6)。

表 7.6   安徽省天然矿泉水资源开发利用潜力类型量化表

水源地规模指数(G)		矿泉水矿物质类型指数(Z)		资源现状开采率指数(K)		水源地卫生保护程度指数(W)		矿泉水开发利用潜力指数与级别(Q)	
判别	取值	判别	取值	判别	取值	判别	取值	判别	级别
大型	1	多项复合型或珍稀单一矿物质类型	1	≤33%	1	强	1	>0.70	一级
中型	0.67	双项复合型	0.67	33%~67%	0.67	较强	0.67	0.50~0.70	二级
小型	0.33	单项	0.33	≥67%	0.33	弱	0.33	<0.50	三级

再根据潜力指数值的大小,将安徽省天然矿泉水资源划分为一级(潜力大)、二级(潜力中等)、三级(潜力小)开发利用潜力资源。

$$Q = 0.3G + 0.3Z + 0.2K + 0.2W$$

式中,Q 为饮用天然矿泉水资源开发利用潜力指数,指数>0.70 为开发利用潜力为一级,属于潜力大级别;指数 0.50~0.70 为开发利用潜力为二级,属于潜力中等级别;指数<0.50 为开发利用潜力为三级,属于潜力小级别。

G 为饮用天然矿泉水水源地规模类型指数,允许开采量>1 000 m³/d 的大型水源地取值为 1;允许开采量 100~1 000 m³/d 的中型水源地取值为 0.67;允许开采量<100 m³/d 的小型水源地取值为 0.33。

Z 为饮用天然矿泉水类型指数,特征组分多项(3 项及 3 项以上)复合型矿泉水或特征组分为 1 项珍稀型矿泉水取值为 1;特征组分双项复合型取值为 0.67;特征组分单项达标取值为 0.33。

K 为资源现状开采率指数,矿泉水资源现状开采量与允许开采量的百分比,<33%取值为 1;33%~67%取值为 0.67;>67%取值为 0.33。

W 为水源地卫生保护程度指数,卫生保护程度强(设立了Ⅰ、Ⅱ、Ⅲ级保护区)取值为1;卫生保护程度较强(设立了Ⅰ、Ⅱ级保护区)取值为0.67;卫生保护程度弱(其他状况)取值为0.33。

二、矿泉水资源开发利用潜力评价

根据前述的安徽省天然矿泉水资源开发利用潜力评价方法和潜力分级标准,对安徽省矿泉水水源地规模类型、特征组分达标类型、资源现状开采率、生态环境或卫生保护程度对应的指标分别赋值评分,在各单项评分的基础上,综合评价得出安徽省天然矿泉水资源开发利用潜力指数。根据潜力指数值的大小,可将安徽省天然矿泉水资源开发利用潜力指数分为三级。

一级开发利用潜力(潜力大)水源地:有18处水源地,其中大型11处、中型7处;矿泉水类型主要为碘型、锶偏硅酸型、锶偏硅酸游离 CO_2 型、锶碘溶解性总体固体型;允许开采资源量合计18 184.88 m³/d,现状开采总量为2 400 m³/d。18处开发利用潜力为一级的饮用天然矿泉水水源地以大型水源地为主,水量大,矿泉水类型丰富,生态环境或卫生保护条件较好,现状开采量小、后续扩采量大,可作为重点卫生保护、鼓励开发利用,充分发挥资源优势的饮用天然矿泉水开发利用潜力资源。18处水源地的地区分布:宿州1处、亳州4处、阜阳5处、蚌埠2处、滁州2处、芜湖3处、黄山1处。

二级开发利用潜力(潜力中等)水源地:有91处,其中大型8处、中型66处、小型17处;矿泉水类型主要为锶偏硅酸型、偏硅酸型、锶型;允许开采资源量合计37 654.32 m³/d,现状开采总量为1 787.39 m³/d。91处开发利用潜力为二级的饮用天然矿泉水水源地以中型水源地为主,水源地总体水量大,矿泉水类型较丰富,生态环境或卫生保护条件一般,现状开采量较小,后续扩采量较大,为了加强水源地卫生保护和满足水资源量的正常调蓄,可作为尽快建立卫生保护措施、控制扩采的矿泉水开发利用潜力资源。91处水源地的地区分布:淮北2处、宿州3处、亳州3处、阜阳5处、蚌埠15处、淮南10处、滁州10处、合肥20处、六安6处、安庆3处、池州1处、铜陵2处、芜湖4处、马鞍山2处、宣城4处、黄山1处。

三级开发利用潜力(潜力小)水源地:有31处,其中中型8处、小型23处;矿泉水类型主要为偏硅酸型、锶型;允许开采资源量合计4 092.76 m³/d,现状开采总量为 678.00 m³/d。31 处开发利用潜力为三级的饮用天然矿泉水水源地以小型水源地为主，水源地水量较小，矿泉水类型单一，生态环境或卫生保护条件较差，现状开采量较小，后续扩采量不足，为了加强水源地卫生保护和满足水资源量的正常调蓄，需尽快建立水源地卫生保护；限制开采的矿泉水开发利用潜力资源。23 处水源地的地区分布：阜阳 1 处、淮南 3 处、滁州 3 处、合肥 2 处、六安 5 处、安庆 3 处、池州 2 处、芜湖 2 处、马鞍山 3 处、宣城 1 处、黄山 7 处。

第四节　社会发展对天然矿泉水资源需求及供需分析

一、矿泉水市场供需现状及发展趋势

（一）国内外矿泉水市场需求状况

1765 年，欧洲有的国家即开始把矿泉水装瓶（罐）运到各地销售。最早在法国的维希（Vichy）生产两种瓶装矿泉水，都是高矿化的温泉水；到 19 世纪 60 年代，欧洲（西欧与东欧）地区开始对矿泉水进行大规模商业开发，并延伸到俄罗斯；20 世纪瓶装水已经发展成为可以代替自来水的一种安全、卫生和方便的饮用水，包括矿泉水、山泉水和其他饮用水（纯净水、再矿化水等）。据国外资料，1994～2002 年世界矿泉水市场从 580 亿升扩张到 1 440 亿升。增长最快的市场是亚洲和太平洋沿岸国家，增长达 5 倍以上，北美增长 141%，西欧增长 37%。世界四大瓶装水商（雀巢、达能、可口可乐、百事可乐）已经占领整个瓶装水市场的 30% 份额，而且还在继续增加。总部设在瑞士的雀巢公司，年产矿泉水 640 万吨，约占欧洲产量的 60%，占世界产量的 15%，排行世界第一。2006 年，雀巢公司在法国维特尔（Vittel）建成世界上最大规模的矿泉水生产基地，已生产 17.3 亿瓶矿泉水。产品的 60% 出口日本、美国和德国。雀巢瓶装水北美分公司以生产天然山泉水著称，目前已成为美国领先的瓶装水企业，市场份额稳步增长。总部设在法国的达能公司，年产矿泉水 460 万吨，占世界产量的 10.8%，排名世界第二。达能生产的法国依云（Evian）瓶装矿泉水行销全世界,但在美国已受到挤压,2002 年达能公司与美国可口可乐公司结成伙伴,组建北美达能水业公司,由可口可乐公司负责管理依云品牌瓶装矿泉水在北美市场的策划、销售与分销。排名世界第三、四位的可口可乐和百事可乐公司的瓶装水产品,大部分是经过处理并再矿化的饮用瓶装水。山泉水品牌实际上都是取自多个水源的产品,也有少部分矿泉水。

我国在矿泉水开发、生产方面,经历了由小到大、由少到多的过程。我国经评定合格的矿泉水水源有 4 000 多处,允许开采的资源量为 18 亿 m^3/a,目前开发利用的矿泉水资源量约为 5 000 万 m^3/a,占允许开采量的 3%。矿泉水产量自 20 世纪 90 年代初开始大幅度增长。据粗略估算,1990 年全国矿泉水年产量仅为 15 万 m^3,2000 年已增至年产 300 万 m^3,上翻 20 倍。2010 年,人均消费量达到 7.8 L/a 左右,消费总量达到 1 100 万 m^3/a。目前,我国每年矿泉水人均消费量为 13 L/a,远小于欧洲人均消费量的 130 L,还有 10 倍增长空间。随着人们对饮用水的要求越来越高,未来矿泉水行业具有很大的投资价值。2008 年以来,全国矿泉水市场规模增速每年都保持在 25% 以上,且递速不断提高。其中,2014 年中国矿泉水市场规模为 636 亿元,平均利润率为 3.85%,高端矿泉水利润率更是普通水的 10 到 15 倍。中研产业研究院数据显示,我国瓶装水市场规模从 2014 年的 1 237 亿元增长至 2019 年的 1 999 亿元,2021 年已突破 2 000 亿元。未来几年,瓶装水市场规模仍将以 8%～9% 的速度增长,2025 年有望突破 3 000 亿元大关。国内企业势必会纷纷进入,未来饮用水市场竞争将更多地表现在优质水源和消费者心理空间的争夺上,谁真正满足消费者心理需求,谁就会成为市场领导者。矿泉水高端化发展的趋势越来越明显。随着人们对健康和生活品质的关注度日益提升,天然、优质饮用水正成为继有机食品之后的又一消费热点,使得中高端饮用水市场吸引着越来越多产业资本的目光。有预测我国饮用天然矿泉水年平均增长率将高于国际市场平均增长率,可达 12% 左右,矿泉水消费市场潜力巨大。

(二)国内矿泉水行业发展趋势

随着我国经济发展和人民生活水平的提高,人们的消费水平逐渐从基本生活消费,向发展型和享受性消费转变,注重健康和养生成为主流,对饮用水更高的追求成为人们生活品质的象征。冷落多年的饮用天然矿泉水由于其特殊的有益成分和养生功效再次受到大众的关注和追捧,矿泉水市场呈稳步上升趋势。另外,根据包装饮用水新国家标准，从2016年起，瓶装饮用水标签标识将分为“包装饮用水”和“饮用天然矿泉水”两大类，矿泉水行业将迎来春天，成为高端饮用水市场主流，一些大型饮用水企业纷纷寻找新的饮用天然矿泉水资源。

在巨大的矿泉水市场需求面前，矿泉水市场由南方向北方、由沿海向内地扩张，矿泉水企业在全国各地也迅速建立和发展。在国外矿泉饮品企业纷纷进入我国、抢占我国市场的同时，国内矿泉水企业和地方政府纷纷依托资源优势、区位优势，积极引进先进生产设备，提高生产能力，扩大知名度，壮大天然矿泉水产业经济发展。如黑龙江省打造年产150万m^3的“五大连池”大型矿泉水企业；吉林省建立长白山天然矿泉水水源地保护区，长白山区靖宇县被中国矿业联合会矿泉水专业委员会评为“中国首座矿泉城”，该县按照“打水牌、兴水业、建水都”的战略部署，成功引进农夫山泉、娃哈哈、康师傅、广州恒大等众多知名企业，2016年，靖宇县矿泉饮品产能达到721万m^3，预计实现产量150万m^3、税金2亿元。

目前，我国经评定合格的矿泉水水源有4 000多处，允许开采的资源量为18亿m^3/a，若继续进行区域矿泉水田勘查评价，资源量还可扩大。按已探明资源量和资源占用率，我国矿泉水产品产量再增加1倍是有资源保证的。由此可见，我国矿泉水资源潜力是十分巨大的。据业内人士分析，我国矿泉水行业将走向企业联合或兼并和规模化生产之路，参与市场竞争，企业将通过优胜劣汰而逐渐减少。可以预见，一批规模较大、技术设备先进、产销能力大的名牌天然矿泉水将主宰我国矿泉水市场，这将是我国矿泉水产业发展的必然趋势。

（三）安徽省矿泉水行业发展趋势

近年来安徽省矿泉水开发，尤其是皖西、皖南山区以生态品牌为特色的矿泉水开发正不断兴起，如徽熳集团、南京托尼诺投资管理有限公司、康师傅（安徽）黄山饮品有限公司、统一企业矿泉水有限公司等一些大型矿泉水食品企业纷纷进驻安徽省进行矿泉水的勘查及开发利用。

2016年省“两会”期间，九三学社黄山市委提交的《推进安徽省天然矿泉水深度开发》，被列为省政协重点提案。安徽省矿泉水开发利用调研小组多次赴皖南、皖西等地参加原市、县国土资源部门牵头召开的座谈会，听取了当地饮用天然矿泉水资源勘查、开发等情况介绍，并就安徽省天然矿泉水资源开发利用相关政策法规、勘查开发总体规划和产业支持等相关问题进行了深入探讨，广泛收集各级地方政府、政协、矿泉水企业和地勘单位的意见和建议。

在2017年召开的安徽省"两会"上,来自九三学社的政协委员们关注了资源合理开发利用与环境保护的问题。根据安徽省地质遗迹、矿泉水资源丰富的特点,他们再次提出了科学开发利用本省地质遗迹资源和矿泉水资源,调整优化产业结构,推动经济发展和贫困地区脱贫的建议。政协委员们认为,矿泉水资源开采对环境破坏较小,开发利用效益明显,能起到非常好的调整和优化矿业结构的作用。他们建议安徽省政府研究出台优化矿泉水产业结构、科学发展天然矿泉水产业的指导性意见,对矿泉水的勘查、开采、生产、加工和生态环境保护、产品技术标准、品牌定位、层次性发展作出科学的规划;树立品牌意识,加大政策和资金的支持力度等。

未来以生态为品牌、大型矿泉水水源地、珍稀矿泉水水源地的勘查评价和规模性的开发利用将是安徽省矿泉水行业的主要发展趋势。

二、安徽省矿泉水供需平衡概略分析

(一)安徽省矿泉水资源需求量预测

随着人们对饮用水要求的提高,许多企业与品牌都在开始尝试拓展新领域。中研普华产业研究院发布的《2022—2027年中国矿泉水行业深度调研及投资前景预测研究报告》显示,在国家政策利好的情况下,中国饮用水的市场格局势必会在真正的高端水引领下,发生翻天覆地的变化,高端矿泉水的消费量将不断提高,天然矿泉水需求量旺盛,以我国矿泉水人均消费量 13 L/a、安徽省截至2022年底6 127万人常住人口进行计算,2022年全省矿泉水消费需求量为 79.65 万 m³/a(2 182.22 m³/d)。据有关研究和统计,国内饮用天然矿泉水年平均增长率将高于国际市场年平均增长率,达到12%。因此,本书以2022年全省矿泉水消费需求量为基准,以12%为增长率,采用下式进行预测:

$$M = P \times (1 + R)^T$$

式中,M 为预测年安徽省饮用天然矿泉水的开采量;P 为截至2022年底,安徽省饮用天然矿泉水的现状需求量 2 182.22 m³/d;R 为饮用天然矿泉水的平均增长率12%;T 为预测年数,2022年底至预测期年底。

预测2025年全省饮用天然矿泉水的需求量将达到 3 065.86 m³/d,预测2035

年全省饮用天然矿泉水的需求量将达到 9 522.10 m³/d。

（二）安徽省矿泉水资源开发利用供需平衡概略分析

安徽省现有 150 个矿泉水点（140 处饮用天然矿泉水水源地），在不计入 61 点已损毁灭失和 55 点现状闲置暂未开放利用的矿泉水点、进一步开发利用和正在开展的其他矿泉水水源地勘查评价资源量还可扩大的前提下，目前正在开发的矿泉水允许开采量为 16 433.96 m³/d，可以满足 2025 年全省饮用天然矿泉水 12%的增长率、3 065.86 m³/d 的市场需求量，也可以满足 2035 年全省饮用天然矿泉水 12%的增长率、9 522.10 m³/d 的市场需求量。但考虑目前在开发的矿泉水多数是生活供水和市政集中供水，未能有效弥补大众市场的矿泉水需求，并考虑矿泉水省外外销的因素，因此，可进一步加强安徽省矿泉水资源的勘查评价及开发利用，满足安徽省乃至全国矿泉水的需求。

第八章 安徽省天然矿泉水勘查评价案例分析

第一节 和县香泉镇老山双泉 1 号泉饮用天然矿泉水勘查评价

一、位置交通

双泉 1 号泉为老山双泉东北侧泉,位于和县香泉镇西侧老山中段老庵山下,东距香泉镇约 6 km(直线距离约为 3 km),距 2 号泉约 270 m。地理坐标:东经 118°16′08.2″,北纬 31°52′02.9″。香泉镇位于和县县城北西方向约 17 km,距马鞍山市区约 40 km,有高速公路 S22 可直达,S206 自 1 号泉东北侧经过,交通十分便利。

二、矿泉水赋存的地质条件和水文地质特征

(一)矿泉水赋存的地质条件

1. 地层岩性特征

矿泉水勘查面积约为 15 km²,地貌类型为丘陵。区内 90% 的面积为基岩裸露区,仅在西北角及中部沟渠两侧、山前田畈一带有少量第四系覆盖。出露的基岩地层(图 8.1),由于受断裂构造影响,多有缺失而不连续,主要分布有志留系中下统、泥盆系上统、二叠系、三叠系中下统等,分述如下:

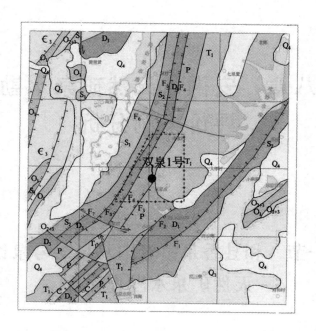

1. 第四系全新统;2. 第三系上更新统;3. 三叠系下统;4. 二叠系;

5. 石炭系;6. 泥盆系上统;7. 志留系中统;8. 志留系下统;9. 奥陶系中上统;10. 奥陶系下统;11. 寒武系上统;12. 逆断层;13. 平移断层;14. 地层界线;15. 双泉1号泉;16. 双泉1号泉矿权范围

图 8.1　区域地质图

(1) 志留系(S)

志留系出露于勘查区的西北和东南两侧,面积约为 2 km²。

志留系下统高家边组(S₁g):主要岩性为淡紫色、灰黄、灰黄绿色页岩、薄层粉砂岩、泥质粉砂岩、石英砂岩;生物碎屑钙质砂岩、含粉砂质团块粉砂岩;灰黑色、紫灰色页岩等。层厚 179 m。

志留系中统坟头组(S₂f):主要岩性为灰绿色粉砂岩夹砂质页岩、细砂岩、中粒石英砂岩,灰黄绿色页岩等,层厚 582 m,与陈夏村组呈整合接触。

(2) 泥盆系上统五通组(D₃w)

出露于勘查区西北和东南两侧山脊一带。岩性为灰白、灰黄色细砂岩、砂质页岩,青灰色、杂色黏土岩、页岩;灰白色中细粒石英砂岩;灰白色石英砂砾岩、石英砾岩等。层厚 188 m。与下伏地层呈假整合接触，而本区内主要显示为断层接触。

（3）二叠系（P）

二叠系下统包括栖霞组（P_1q）和孤峰组（P_1g）：岩性主要为深灰色薄层灰岩、硅质灰岩、致密状灰岩、含燧石团块灰岩；深灰色灰岩与黑色燧石层互层，钙质与炭质深灰色厚层沥青质灰岩；深灰、灰黑色页岩含磷质结核，硅质页岩夹灰黑色燧石层及含结核黏土质页岩，灰色中厚层灰岩。层厚 274 m。与五通组呈断层接触。

二叠系上统包括龙潭组（P_2l）、大隆组（P_2d）：主要岩性为灰、灰黄色砂岩砂岩、页岩、炭质页岩、浅灰色长石石英中粗砂岩，夹煤线、灰绿色、绿色粉砂岩及黑色炭质页岩；深灰色硅质页岩、粉砂质页岩、粉砂质黏土岩，灰黑色灰岩、硅质灰岩、硅质页岩及燧石层。层厚 122 m。与下统地层呈假整合接触。

（4）三叠系（T）（出露于勘查区东北端）

三叠系下统殷坑组（T_1y）：岩性主要为黄绿、灰绿色钙质泥岩与深灰色薄至中厚层灰岩、泥质灰岩互层，上部灰岩较多，厚 32～120 m，与下伏地层呈整合接触。

三叠系下统和龙山组（T_1h）：岩性以浅灰色条带状灰岩为主，夹少量黄绿色钙质页岩及薄层灰岩，与下伏地层呈整合接触。

三叠系下统南陵湖组（T_1n）：本组几乎全为灰岩，可大致分为两部分，下部为薄至中厚层灰岩，底部普遍夹紫红或黄绿色瘤状灰岩，上部以青灰色中厚层致密状灰岩为主，层厚 159～545 m，与下伏地层呈整合接触。

2．地质构造

区内地质构造受含山挤压褶皱带控制，为该压褶带中段的一部分。勘查区内构造主体走向为 30°～45°。

（1）褶皱

区内主体褶皱为金城-张家衡向斜的西南端。金城-张家衡向斜轴向 25°～50°，呈"S"形展布。勘查区内轴向 30°。向斜核部位于小山尾至张家衡一线，地层为三叠系南陵湖组、和龙山组、殷坑组。核部隆起，核部地层形成次一级的小背斜构造。向斜两翼地层从上至下依次为二叠系龙潭组和栖霞组、泥盆系五通组、志留系坟头组和高家边组。由于受 F_2、F_3 等北东向断裂构造影响，地层产状不连续。两翼地层产状向核部倾斜，即西北翼向东南倾，东南翼向西北倾，为正常主体向斜构造，而核部地层产状向两侧倾斜，即西北翼向西北倾，东南翼向东南倾，为次一级背斜构造。

（2）断裂

勘查区内断裂构造较为发育，但以北东向为主，次为北西向。主要断层见表8.1。

表8.1 断层情况一览表

编号	性质	断层产状			区内长度（km）	控制程度
		走向	倾向	倾角		
F_1	逆	45°	SE	陡	1.6	查出
F_2	逆	45°	NW	45°	3	查明
F_3	逆	30°	SE	70°	5	查出
F_4	逆	30°	SE	75°	4.5	查明
F_5	逆	30°	SE	75°	4.3	查明
F_6	平移	290°	NE	陡	3	查明
F_7	平移	300°	NE	陡	1.5	查出

① 北东向断裂从东向西依次为：

F_1 断层，图幅内位于麻家山脊，全长大于14 km，勘查区图幅内长1.6 km。走向北东45°，逆断层。断层两侧地层不连续，西北侧为五通组，东南侧为志留系。

F_2 断层，图幅内位于大李村至小李家一线，全长大于15 km，图幅内长3 km，走向北东45°，倾向北西，倾角约为45°，逆断层。断层两侧地层不连续，西北侧为二叠系、三叠系地层，产状向东南倾，东南侧为五通组，产状向西北倾。北东段被第四系覆盖。

F_3 断层，图幅内位于彭家凹、老庵山、凤山颈东一线，全长大于16 km，北端常被第四系覆盖。图幅内长5 km，走向北东30°，倾向东南，倾角约为70°，逆断层。断层两侧地层不连续，地层产状不一致，北西侧向东南倾，东南侧向北西倾。在地貌上，断层通过地段常形成山凹。在断层带两侧有多处泉眼出露，实为阻水充水导水断裂。

F_4 断层，位于老山山脊。全长约为6 km，图幅内长为4.5 km。断层走向北东30°，与F3断层平行，倾向东南，倾角约为75°，稍陡。逆断层。断层两侧地层不连续，西北侧为五通组，东南侧为二叠系。

F_5 断层,位于老山西北侧坡脚一线。全长约为 16 km。图幅内长为 4.3 km。断层走向北东 30°,与 F_3、F_4 近于平行。倾向东南,倾角为 75°,稍陡,逆断层。

F_3、F_4、F_5 断层常被北西西向断层错断而位移。

② 北西西向断层从北至南为:

F_6 断层,位于聂庄至小尾山一线,全长约为 3 km。断层走向 290°,为张性充水导水断层。南西盘(下盘)沈庄附近的仑山组产状向西倾,倾角为 73°,北东盘(上盘)奥陶系中统产状向南东倾,倾角为 50°,两盘地层产状沿走向相碰相交。

F_7 断层,位于朱家凹、凤山颈一带。长约为 1.5 km。断层走向 300°。断层两侧地层不连续,错乱。断层带附近有多处泉眼出露,为张性充水导水断层。

(二)矿泉水赋存的水文地质特征

1. 含水岩组及其富水性

根据地下水的赋存条件和含水介质、水力特征,本区地下水类型可划分为松散岩类孔隙水、碎屑岩类孔隙裂隙水和碳酸盐岩类裂隙岩溶水三大类。因此含水岩组可划分为:

(1)松散岩类孔隙含水岩组:该岩组由第四系芜湖组和下蜀组组成。分布区内河溪两旁、沟谷洼地一带,面积小,约占勘查区的五分之一。埋藏浅,为 0～15 m。

下蜀组主要为砂质、粉砂质黄土质黏土,为不含水松散层。局部地段上部见有粉细砂、砂砾,孔隙性中等,含孔隙潜水,潜水位为 1～3 m,富水性为 10～100 m^3/d,水质 HCO_3-Na·Ca 型,溶解性总固体为 500～1 000 mg/L。pH 为 7～7.5。

芜湖组主要由黏土、砂质黏土、淤泥质亚砂土、淤泥质粉细砂、含砾中-细砂等组成。黏土类、淤泥质亚砂土、含水微少;含砾中-细砂砂层,含孔隙潜水。水位埋深为 0.2～3 m。富水性 <100 m^3/d,局部地段大于 100 m^3/d。水质为 HCO_3-Ca 型、HCO_3-Na·Ca 型,溶解性总固体为 500～1 000 mg/L。pH 为 7～7.5。

(2)碎屑岩类孔隙裂隙含水岩组:区内该岩组主要由志留系高家边组和坟头组、泥盆系五通组、二叠系孤峰组和大隆组等组成。主要分布于勘查区东南侧和西北侧及中部彭家凹—李家凹—老庵山一线及果子山—小李家一线。岩性主要为页岩、砂质页岩、长石石英砂岩、石英砂岩、粉砂岩、砂砾岩、砾岩等。该类岩石由于受构造作用,节理裂隙、构造断裂较为发育,部分岩石孔隙也相对发育。

由于孔隙裂隙发育程度不同,富水性差别较大,可分为 $100\sim500\ m^3/d$ 和 $10\sim100\ m^3/d$ 两个级别。水质类型以 HCO_3-Ca 型为主,次为 HCO_3-Na·Ca 型。溶解性总固体为 $500\sim1\ 000\ mg/L$,pH 为 $7\sim8$。

(3) 碳酸盐岩类裂隙岩溶含水岩组:区内该岩组主要由二叠系栖霞组、三叠系南陵湖组、和龙山组、殷坑组组成。主要分布于老山东南侧和小尾山至小前山一带。岩性为灰岩、硅质灰岩、泥质灰岩、沥青质灰岩等。该类岩石构造裂隙、层间裂隙和溶洞较为发育,因此富含裂隙岩溶水。但富水性受岩性构造、地貌、水文气象因素影响较为明显,变化较大。泉流量一般 $<10\ L/s$,溶解性总固体 $<1\ 000\ mg/L$。pH 为 $7.5\sim8$。

2. 断裂带水文地质特征

区内断裂构造主要为北东向和北西西向两组。北西西向多为张性断裂,据 1:20 万水文地质资料介绍,均为充水断裂。北东向断裂,多为压性逆断层,不利于地下水的运移和富集,因此多数富水性较差。但勘查区内 F_3 断层,所处的地质构造条件有利于地下水活动,因而形成了阻水充水导水断裂。

F_3 断层的两侧,地层产状均向 F_3 断层倾斜,而且两侧的岩性也多为含水丰富的碳酸盐岩类岩石,地下水很容易顺岩层层间裂隙向 F_3 断层富集。由于地下水的长期活动,F_3 断层的富水性越来越强。沿断层带,在地貌上也常形成山冲、谷凹,实为地下水长期活动的痕迹。断层两侧,见有多处泉眼出露。

3. 泉、井特点及分布概况

(1) 泉点:区内泉点出露较多,主要分布在老山东南侧坡脚 F_3 断层一线及 F_3 断层和 F_7 断层交错处一带。大部分为下降泉,泉流量常受降水影响,变化较大,如双泉 2 号,但这些泉干旱季节一般也不断流,泉水中锶含量一般都比较高,可达 $0.22\sim0.48\ mg/L$(收集资料),如双泉 2 号锶含量达到 $0.48\ mg/L$(勘查测试分析),但受降水影响,含量变化不甚稳定。但在构造有利部位,也常有上升泉出露,如双泉 1 号泉和 XQ04 泉等。上升泉的流量、水温和水质则基本不受季节、降水影响,变化相对稳定,水中锶含量相对较高,而且稳定。

(2) 民井:区内民井较多,井深一般为 $4.8\sim14.7\ m$,取水层多为第四系松散层。水位埋深因井点标高、含水层岩性不同,差别较大,最浅为 $0.7\ m$,最深为 $5.4\ m$。水位受季节影响,涨落变化较大。

（三）双泉 1 号泉矿泉水动态

双泉 1 号泉自发现以来,自流量动态变化较稳定。勘查期间对双泉 1 号泉进行了近一年时间的动态观测,结果表明,泉水水温基本恒定,不同季节观测,为 17 ℃左右,受气温变化影响较小;自流量不同季节、不同天气稍有变化,降水对其有一定的影响。降水对其流量的影响主要是因为降雨后泉眼周边残坡积层水汇入泉水中导致流量变大。经三角堰观测,最小流量为(堰口水头高 6.00 cm)1.243 L/s,日流量为 107.42 m³;最大流量(堰口水头高 9.2 cm)为 3.62 L/s,日流量为 312.77 m³。勘查期间的降水量对双泉 1 号泉有一定影响,气温变化对水温影响不甚明显,如图 8.2 所示。三期水样检测报告显示,双泉 1 号泉泉水中各主要成分及达标元素等含量变化稳定,不受季节变化影响。经过一年的动态观测,双泉 1 号泉水温、自流量,水质变化较为稳定,其泉水具深循环性。

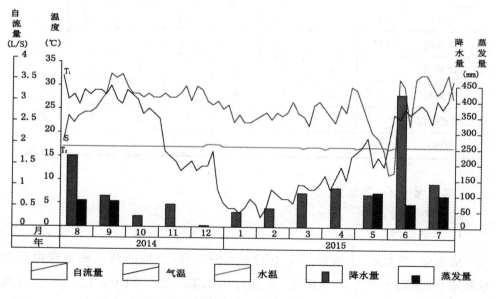

图 8.2　双泉 1 号泉自流量、水温、气温、降水量、蒸发量关系图

三、矿泉水的物理性质和化学成分

按国标《饮用天然矿泉水》(GB 8537—2018)要求,对双泉 1 号泉进行了枯水期、平水期和丰水期三期取样,每期水样间隔三个月,取平行样两组,分别送往国家级计量认证单位国土资源部地下水矿泉水及环境监测中心（Ⅰ）、国土资源部合肥矿产资源监督检测中心（Ⅱ）、山东省分析测试中心（Ⅲ）、江西省核工业地质局测试研究中心检测（Ⅳ）。微生物样每期一组，分别由山东省分析测试中心（Ⅲ）和安徽省产品质量监督检验研究院（Ⅴ）检测。检测结果分述如下：

（一）物理性质

双泉1号矿泉水水质清澈透明、无色、无臭、口感甘甜。长期观测，水温稳定，在17℃左右。多次检测，各感官指标见表8.2，双泉1号泉矿泉水感官指标良好，符合国标《饮用天然矿泉水》（GB 8537—2018）要求。

表8.2　双泉1号矿泉水感官指标检验结果与国标对比表

项目	单位	国标	采样日期及检验结果					
			2014-09-03		2014-12-23		2015-03-23	
色度	度	15	<5	<5	<5	<5	<5	<5
浑浊度	NTU	5	<2	<1	<2	<1	<2	<1
臭和味		无	无	无	无	无	无	无
可见物		无	无	无	无	无	无	无
测试单位			Ⅰ	Ⅱ	Ⅰ	Ⅱ	Ⅰ	Ⅱ
说明								

（二）常量化学组分

1. 常量组分

枯水期、平水期、丰水期三个不同季节的水样，经检测其主要常规组分含量稳定，结果列于表8.3。HCO_3^- 含量为 372.33～395.31 mg/L，Ca^{2+} 含量为 148.0～154.18 mg/L，总硬度（以 $CaCO_3$ 计）为 385.8～399.03 mg/L，溶解性总固体为 616～624.4 mg/L，pH 为 7.08～7.48。水化学成果按库尔洛夫式表示见表8.4。

表8.3　双泉1号矿泉水常量组分含量表

采样时间		2014-09-03		2014-12-23		2015-03-23	
单位 含量 项目		$\rho_{(B)}$（mg/L）		$\rho_{(B)}$（mg/L）		$\rho_{(B)}$（mg/L）	
阳离子	K^+	0.18	0.10	0.20	0.69	0.10	0.15
	Na^+	1.76	1.74	1.94	2.34	1.80	2.03
	Ca^{2+}	152.6	154.18	148.0	152.76	150.4	151.93
	Mg^{2+}	2.53	2.74	3.91	4.27	2.67	2.64
	NH_4^+	<0.04	0.054	<0.04	0.031	<0.04	0.060
	Fe^{3+}	<0.04	/	0.44	/	0.52	/
	Fe^{2+}	<0.04	/	<0.04	/	0.28	/
	Al^{3+}	<0.02	/	<0.02	/	<0.02	/
	合计	157.1	/	154.1	/	155.0	/
阴离子	HCO_3^-	391.6	389.64	395.0	395.31	394.9	372.33
	CO_3^{2-}	0.00	0.00	0.00	0.00	0.00	0.00
	Cl^-	8.75	8.12	4.67	7.94	6.07	7.14
	SO_4^{2-}	52.25	53.74	48.99	44.30	52.79	55.36
	F^-	0.16	0.14	0.17	<0.1	0.12	0.13
	NO_3^-	3.84	3.99	3.92	4.22	7.56	7.92
	合计	456.6	/	452.8	/	461.4	/
pH		7.38	7.18	7.30	7.12	7.48	7.08
耗氧量		0.85	0.74	0.84	0.53	0.88	0.70
游离 CO_2		2.23	25.19	25.89	35.69	17.26	73.47
H_2SiO_3		11.05	11.12	12.06	12.46	10.40	10.82
溶解性总固体		622.2	/	616.1	616	624.4	620
总硬度（以 $CaCO_3$）		391.3	396.29	385.8	399.03	386.3	390.24
测试单位		Ⅰ	Ⅱ	Ⅰ	Ⅱ	Ⅰ	Ⅱ
说明		对应样	对应样	对应样			

表 8.4 双泉 1 号泉矿泉水库尔洛夫表示式

采样时间	季节	测试单位	库尔洛夫表示式
2014-09-03	丰水期	I	$Sr_{0.00047} M_{0.616} \dfrac{HCO_{3\ 84.14}}{Ca_{94.74}} T17\ ℃$
		II	$Sr_{0.00046} M_{0.412} \dfrac{HCO_{3\ 81.81}}{Ca_{96.16}} T17\ ℃$
2014-12-23	枯水期	I	$Sr_{0.00047} M_{0.616} \dfrac{HCO_{3\ 84.14}}{Ca_{94.74}} T17\ ℃$
		II	$Sr_{0.00047} M_{0.616} \dfrac{HCO_{3\ 84.21}}{Ca_{94.16}} T17\ ℃$
2015-03-23	平水期	I	$Sr_{0.00045} M_{0.624} \dfrac{HCO_{3\ 82.21}}{Ca_{96.15}} T17\ ℃$
		II	$Sr_{0.00051} M_{0.620} \dfrac{HCO_{3\ 80.39}}{Ca_{96.04}} T17\ ℃$

由表 8.3 和表 8.4 可知,各主要常量组分和达标组分在不同季节略有变化。但波动不大,均在规定范围内,说明双泉 1 号泉水质变化稳定,符合国标要求。

2. 矿泉水水质类型的确定

(1) 按溶解性总固体分类,溶解性总固体在 616～624.4 mg/L 范围,小于 1 000 mg/L,属淡水。

(2) 按硬度分类,$Ca^{2+} + Mg^{2+} = 7.71～7.97$ mmol/L 范围,小于 9 mmol/L,为微硬-硬水。

(3) 按酸碱度分类,pH 为 7.12～7.48,为中性水。

(4) 按地下水温度分类,长期动态观测水温为 17 ℃,处于 4～20 ℃冷水范围内,属冷水。

(5) 水质分类,采用 C、A 舒卡列夫分类法,溶解性总固体小于 1.5 g/L,属 A 组,超过 25% mmol/L 的离子为 HCO_3^-、Ca^{2+},落入分解图中的 1 格内,为 1-A 型,即重碳酸-钙型(HCO_3-Ca 型)水。

(三) 矿泉水水质评价

根据中华人民共和国国家标准《饮用天然矿泉水》(GB 8537—2018)中规定的各项指标的技术要求,对双泉 1 号泉泉水进行了丰水期、枯水期、平水期的采样分析,现将矿泉水水质的各项指标分述如下:

1．界限指标

各项界限指标的检验结果列于表 8.5。

表 8.5　双泉 1 号矿泉水实测含量与界限指标对比表

项目	单位	国标	采样日期及检验结果					
			2014-09-03		2014-12-23		2015-03-23	
锂	mg/L	≥0.20	<0.005	0.000 8	<0.005	0.000 6	0.005	0.000 71
锶	mg/L	≥0.20	0.434	0.462 9	0.466	0.474	0.448	0.509
锌	mg/L	≥0.20	0.016	0.004 7	0.004	0.005 4	<0.002	0.005 7
碘化物	mg/L	≥0.20	<0.020	<0.01	<0.020	<0.01	<0.020	<0.01
偏硅酸	mg/L	≥25.0	11.05	11.12	12.06	12.46	10.40	10.82
硒	mg/L	≥0.01	<0.001	/	<0.001	0.000 8	<0.001	0.000 3
游离 CO_2	mg/L	≥250	2.23	25.19	25.89	35.69	17.26	73.47
溶解性总固体	mg/L	≥1 000	622.2	/	616.1	616	624.4	620
测试单位			Ⅰ	Ⅱ	Ⅰ	Ⅱ	Ⅰ	Ⅱ
说明			对应样		对应样		对应样	

由表 8.5 可知，双泉 1 号泉矿泉水中锶含量为 0.434～0.509 mg/L，变化稳定，达到了界限指标的要求。

2．限量指标

各限量指标标准和实测含量结果见表 8.6。

表 8.6　双泉 1 号矿泉水实测含量与限量指标对比表

项目	单位	国标	采样日期及检验结果					
			2014-09-03		2014-12-23		2015-03-23	
硒	mg/L	<0.05	<0.001	/	<0.001	0.000 8	<0.001	0.000 3
锑	mg/L	<0.005	<0.000 5	/	<0.000 5	0.000 19	<0.000 5	<0.001
砷	mg/L	<0.01	<0.001	<0.000 4	<0.001	0.000 41	<0.001	<0.000 4
铜	mg/L	<1.0	<0.010	0.001 24	<0.010	0.000 80	<0.010	0.003 6
钡	mg/L	<0.7	0.018	<0.021	0.020	0.021 4	0.018	0.031
镉	mg/L	<0.003	<0.002	0.000 76	0.002	0.001	0.002	0.000 4
铬	mg/L	<0.05	<0.020	0.004 05	<0.020	0.032 7	<0.020	0.002 5

项目	单位	国标	采样日期及检验结果					
			2014-09-03		2014-12-23		2015-03-23	
铅	mg/L	<0.01	<0.001	<0.000 1	0.018	0.006 34	0.018	0.000 2
汞	mg/L	<0.001	<0.000 1	<0.000 05	<0.000 1	<0.000 05	<0.000 1	<0.000 05
锰	mg/L	<0.4	0.003	/	0.003	0.003	<0.001	0.019
镍	mg/L	<0.02	<0.008	0.007 3	<0.008	0.007 4	<0.008	0.004 3
银	mg/L	<0.05	<0.001	0.000 1	<0.001	<0.000 01	<0.001	0.000 44
溴酸盐	mg/L	<0.01	<0.010	<0.005	<0.010	<0.005	<0.010	<0.005
硼酸盐 （以 B 计）	mg/L	<5	<0.10	<0.02	<0.10	<0.02	<0.10	<0.02
硝酸盐 （以 NO_3^- 计）	mg/L	<45	3.84	3.99	3.92	4.22	7.56	7.92
氟化物 （以 F^- 计）	mg/L	<15	0.16	0.14	0.17	<0.1	0.12	0.13
耗氧量 （以 O_2 计）	mg/L	<3.0	0.85	0.74	0.84	0.53	0.88	0.70
226 镭 放射性	Bq/L	<1.1	0.01	0.010 5	0.01	0.004 3	0.01	0.001 4
测试单位			Ⅰ	Ⅱ、Ⅲ、Ⅳ	Ⅰ	Ⅱ、Ⅲ、Ⅳ	Ⅰ	Ⅱ、Ⅲ、Ⅳ
说明			对应样		对应样		对应样	

由表 8.6 可知，各项限量指标的结果均在规定的范围内，符合国家标准。

3．污染物指标

各项污染物限量指标标准与实测的结果见表 8.7。

表 8.7　双泉 1 号矿泉水污染物实测结果与限量指标对比表

项目	单位	国标	采样日期及检验结果					
			2014-09-03		2014-12-23		2015-03-23	
挥发酚 （以苯酚计）	mg/L	<0.002	<0.001 5	<0.002	<0.001 5	<0.002	<0.001 5	<0.002
氰化物 （以 CN^- 计）	mg/L	<0.010	<0.001	0.000 67	<0.001	<0.000 5	<0.001	0.001

续表

项目	单位	国标	采样日期及检验结果					
			2014-09-03		2014-12-23		2015-03-23	
阴离子合成洗涤剂	mg/L	<0.3	<0.10	<0.05	<0.10	<0.05	<0.10	<0.05
矿物油	mg/L	<0.05	<0.005	<0.01	<0.005	<0.01	<0.005	<0.01
亚硝酸盐（以 NO_2^- 计）	mg/L	<0.1	<0.002	<0.003	0.004 4	<0.003	0.002 4	0.003
总 β 放射性	Bq/L	<1.5	0.03	0.07	0.05	0.034 4	0.03	0.002 78
测试单位			Ⅰ	Ⅱ、Ⅲ	Ⅰ	Ⅱ、Ⅲ、Ⅳ	Ⅰ	Ⅱ、Ⅲ、Ⅳ
说明			对应样		对应样		对应样	

从以上结果可知,各项污染物指标均小于国家规定标准,且有多期监测数据作对比,说明双泉1号泉矿泉水未受污染,符合国标《饮用天然矿泉水》(GB 8537—2018)要求。

4. 微生物指标

各期水样微生物指标测试的结果见表8.8。

表8.8　双泉1号矿泉水微生物检测结果与国标对比表

项目	单位	国标	采样日期及检验结果		
			2014-09-03	2014-12-23	2015-03-23
大肠菌群	MPN/100 mL	0	0	0	0
粪链球菌	CFU/250 mL	0	0	0	0
铜绿假单胞菌	CFU/250 mL	0	0	0	0
产气荚膜梭菌	CFU/50 mL	0	0	0	0
测试单位			Ⅲ	Ⅴ	Ⅴ
说明					

从表8.8可知,微生物指标符合国标《饮用天然矿泉水》(GB 8537—2018)要求。

5. 其他微量组分与参考指标

除按国家饮用天然矿泉水标准中所列规定测试的 54 项理化指标外,我们又增测了钴、钒等 9 项参考指标,见表 8.9。所测结果表明:双泉 1 号矿泉水中含有多种有利于人体健康成分的有益组分,如铁、锰、钼、钴、磷等。有害指标含量极少,均不超过国标要求。

表 8.9 参考项目含量对比表

项目	单位	采样日期及检验结果					
		2014-09-03		2014-12-23		2015-03-23	
铁	mg/L	0.080	<0.005	0.018	0.040 2	<0.010	0.054
钴	mg/L	<0.006	/	<0.006	0.000 36	<0.006	0.000 29
钒	mg/L	<0.006	/	<0.006	0.001 6	<0.006	0.001 3
钼	mg/L	<0.006	/	<0.006	0.002 66	<0.006	0.001 03
铍	mg/L				<0.000 03		<0.000 03
钛	mg/L		/		0.001 9		<0.001
钪	mg/L		/		0.001 6		0.001 3
钇	mg/L		/		<0.001		<0.001
磷	mg/L		/		0.016 3		0.016 8
测试单位		Ⅰ	Ⅱ	Ⅰ	Ⅱ	Ⅰ	Ⅱ
说明							

6. 元素与人体健康医学功能

双泉 1 号矿泉水中除 Sr 指标达到国标要求以外,还含有丰富的多种宏量、微量元素。这些元素对人类的生殖、生长、发育、代谢、遗传、思维、记忆、长寿保健等方面都有极其重要的作用。医学环境地球化学研究表明,这些生物必需元素具有多种医疗保健、强身健体的功效,见表 8.10。

表 8.10　元素与人体健康生理功能作用一览表

元素名称	生物结构组分	人体含量		人体日常摄入量	地下水天然背景含量	双泉 1 号矿泉水含量（mg）	元素与人体健康医学功能
		人体总含量	血中含量				
镁	生命必需元素	42 g		220～480 mg	15～45 mg	2.53～4.27	有助于维持膜位差,助于传递神经信息,参与对脱氧核糖核酸（DNA）的复制和蛋白质合成。富含镁的矿水对于抑制大脑皮层兴奋镇静、降低动脉血压和降低腮固醇的含量具有明显作用;并具有抗肿痛的作用,参与成骨作用,具有一定的医疗价值
硅	生物必需元素	18 g		30 mg	5～30 mg	10.40～12.46	是重要的结构元素,参与胶原蛋白及黏多糖的合成,是葡萄糖、氨基多糖、多糖羧酸的主要成分。硅能使结缔组织发展成纤维结构,能提商强度和弹性,降低动脉粥样硬化,参与防治心血管病,治疗胃病和斑块发生,具有促进成骨作用,并对人类的衰老有明显制约作用,含量大于 50 mg/L,属医疗矿泉水类型
锶	生物必需元素亲骨元素	170 mg	0.18 mg	2 mg	0.1～0.5 mg	0.434～0.509	具有壮骨骼、成骨作用,防治心血管病等

元素名称	生物结构组分	人体含量		人体日常摄入量	地下水天然背景含量	双泉1号矿泉水含量（mg）	元素与人体健康医学功能
		人体总含量	血中含量				
游离二氧化碳				20～30 mg		2.23～73.47	通过细胞被吸收，有扩张毛细血管、促进血液循环、兴奋神经中枢的作用，并能减轻心脏负担，医疗上用来治疗高血压、心脏病、心肌梗死等疾病，有"心脏的汤"之称，加速水分吸收，有利屎、治肠胃和慢性便秘之功效
锂	必需微量元素	2.2 mg	0.10 mg	2 mg	1～10 μg	0.000 7～0.005	对于调节植物神经稳定具有重要作用，在锂含量较高的水土环境中，心脏病和癌症的发病率显著较低
锌	生物必需微量元素	2.31 g	34 mg	17 mg	1～10 μg	0.004～0.016	参与18种酶的合成，可激活80多种酶参与多种蛋白质的合成与代谢，对于脂质具有抗过氧化作用，参与细胞合成，可促使细胞分裂生长和繁殖。锌可提高细胞膜抵抗氧自由基的能力，增强细胞膜的稳定性。适量的锌对人体起预防与保健、抗衰老和增加机体免疫能力等多种作用
碘	必需微量元素	10～25 mg		200 μg	5～10 μg	<0.01	参与甲状腺素合成，调节人体新陈代谢，促进生长发育，维护神经系统的功能

元素名称	生物结构组分	人体含量		人体日常摄入量	地下水天然背景含量	双泉1号矿泉水含量（mg）	元素与人体健康医学功能
		人体总含量	血中含量				
硼	必需微量元素	45 mg	0.5 mg	10～20 mg	5～10 μg	<0.02	具有促进钙和镁吸收的作用，能够强壮骨骼，更好地维持身体的代谢功能，进一步促进胚胎发育。还可以参与人体内多种免疫物质的合成，作用于免疫系统，增强免疫功能
磷	生物必需元素	680 g		1.4～2.7 g		0.0163～0.0168	具有重要的生物功能，如生物合成、能量转换、骨骼的生成。在磷脂糖、脂的吸收代谢过程中，磷不可缺少
铁	生物必需元素	4～6 g	2.5 g	15～25 mg	<0.3 mg	0.018～0.080	具有造血和输氧的重要功能
硒	生命必需微量元素	13 mg	1.1 mg	40×10^{-9} ～ 120×10^{-9}	0.02×10^{-9} ～ 2×10^{-9}	0.000 3～0.000 8	具有抗过氧化作用，有助于抗癌，能抑制过氧效应，分解过氧化物，清除有害的自由基，修复损伤的细胞，提高机体免疫能力，对维持心脏正常功能和形态完整具有重要意义
钒	亲脂元素	21 mg	0.08 mg	0.3 mg	0.01～1.0 μg	0.001 3～0.001 6	可刺激血红蛋白、红细胞、网状细胞的生成，有利于脂肪代谢和胆固醇的分解，并具有抗动脉粥样硬化、预防龋齿作用

元素名称	生物结构组分	人体含量		人体日常摄入量	地下水天然背景含量	双泉1号矿泉水含量（mg）	元素与人体健康医学功能
		人体总含量	血中含量				
钼	生物必需微量元素	9.3 mg		450 μg	0.01～5.0 μg	0.001～0.0027	是黄嘌呤氧化酶/脱氢酶、醛氧化酶和亚硫酸盐氧化酶的组成成分，具有催化硝酸盐、亚硝酸盐转化为植物蛋白质的作用
钴	生物必需微量元素	2.1 mg	1.7 μg	7 μg	0.01～6.0 μg	0.00029～0.00036	是维生素 B$_{12}$ 的组成部分之一，参与了维生素 B$_{12}$ 的合成；能刺激人体骨髓的造血系统，促使血红蛋白的合成及红细胞数目的增加；改善锌的生物活性，使锌易于在肠道吸收；能和蛋白质结合，同时对人体生长、发育、糖类和蛋白质代谢都有重要影响；还有驱脂作用，防止脂肪在肝细胞内沉着，预防脂肪肝

（四）水质综合评价

根据《饮用天然矿泉水》（GB 8537—2018）规定的技术指标要求衡量，和县双泉1号泉矿泉水中的锶含量为 0.434～0.509 mg/L，达到国标中界限指标的要求。矿泉水中还含有钙、镁、偏硅酸等多种有益组分和矿物质。而各限量指标、污染物指标、微生物指标等均在规定的范围内，感官指标良好。常量组分中阴离子以重碳酸根为主，阳离子以钙离子为主，因此定名为"锶型饮用天然矿泉水"，可以作为饮用天然矿泉水开发。

四、矿泉水形成机制

(一)矿泉水形成的地质构造条件

地下水的运移和富集既与地层、岩性有关,又受地质构造控制。区内主体褶皱为金城-张家衡向斜的西南端。金城-张家衡向斜轴向 25°～50°,呈"S"形展布,勘查区内轴向30°,向斜核部位于小山尾至张家衡一线,地层为三叠系下统殷坑组、和龙山组和南陵湖组。核部隆起,形成次一级的小背斜构造。向斜两翼地层从上至下依次为二叠系龙潭组、栖霞组、泥盆系五通组、志留系坟头组、高家边组。由于受 F_2、F_3 等北东向断裂构造影响,向斜地层,产状不连续。两翼地层产状向核部倾斜,即西北翼向东南倾,东南翼向西北倾,为正常主体向斜构造,而核部地层产状向两侧倾斜,即西北翼向西北倾,东南翼向东南倾,为次一级背斜构造。

区内碳酸盐岩类地层,常呈厚层状、薄层状展布。相间排列的溶沟溶槽、溶穴顺层而发育,也有随着褶皱产状的变化延伸发育至主背、向斜核部。因此,裂隙岩溶水赋存的顺层性,决定了地下水的入渗、运移受其顺层性发育的不同岩溶形态的制约,最后汇集于复式褶皱的主背、向斜核部,形成裂隙岩溶水的富集带。区内断裂构造十分发育,北东向和北西西向断裂纵横交错。其结构面力学性质均系张性、张扭性,多呈锯齿状、开启程度好,其断裂空间由于导水性强,地下水易于活动致使岩溶发育有利,这为地下水的移运和富集提供了理想的通道和赋存空间。特别是 F_3 断层两侧层间裂隙十分发育地层,其产状均向 F_3 断层倾斜,使得两侧的地下水均向 F_3 断层径流和富集,而在构造和地貌有利部位得以泉的形式出露于地表。因此,沿 F_3 断裂两侧泉点分布较多,双泉1号泉则是其中之一,如图8.3所示。

(二)矿泉水形成的岩石地球化学条件

矿泉水的形成离不开原岩的化学成分,区内与形成矿泉水水质有关的岩石主要为碳酸盐岩。据安徽省区域地质志资料,二叠系和三叠系的石灰岩的主要成分 CaO 占 53%,次要成分 $MgO<0.35\%$、$Al_2O_3<0.14\%$、$Fe_2O_3<0.16\%$、$P_2O_5<0.014\%$、$SO_3<0.04\%$。碳酸盐岩的微量元素华北地区和扬子地层区 Ba、Sr、Cr、Co、V、Cu、Zn、Mo 都高于地壳丰度值。其中华北与扬子两大地层区之间又有差

异。扬子地层区石灰岩中的 Mo 是华北地层区的 3 倍,Cr 约 2.5 倍,Co、V 约 1.5 倍,Ba、Sr、Cu 相近。扬子地层区的亲石灰岩元素为 Sr,同时碳酸盐岩主要由 $CaCO_3$ 和 $MgCO_3$ 组成,因此区内含有微量元素 Sr 以及其他有益于人体健康的微量元素,这为矿泉水的形成提供了良好的物质基础。

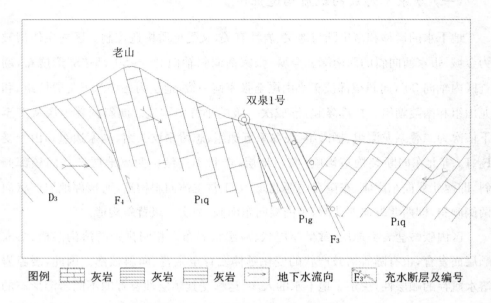

图 8.3　双泉 1 号泉矿泉水形成示意图

岩石的矿物组合和化学成分直接影响着地下水水岩作用的速度和地下水的矿化程度及水质类型。区内碳酸盐岩类岩石主要为石灰岩,矿物成分为方解石及少量白云岩,化学成分主要为 $CaCO_3$ 和 $MgCO_3$。这类岩石在水岩作用下极易水解,因此赋存于这类岩石中的地下水类型基本上为重碳酸钙型。

锶为钙的类质同相体,在一些含钙丰富的矿物中,常伴含有微量元素锶。一旦含钙矿物被水解时,锶也将随同钙一起溶解于水中。因此在灰岩地区,水质类型不但多为重碳酸钙型,而且锶含量也往往相对很高,常形成含锶矿泉水。双泉 1 号泉便是如此。

此外,在其他硅酸盐类岩石中,含钙的硅酸盐矿物,如斜长石等,在水解的过程中不但为地下水提供了钙的来源,也为水中硅、锶的来源提供了一定的物质基础。

（三）矿泉水形成的水文地球化学条件

岩石地球化学特征、水岩作用条件及水岩作用过程均直接影响着矿泉水的物质来源和组分含量。

区内,大气降水通过孔隙裂隙(主要为裂隙)渗透补给后,在沿裂隙、断裂向深部移运循环过程中,由于降水中 CO_2 和土壤微生物分解产生的 CO_2 随降水渗入地下,在一定温度和压力环境中,得以长期与周围岩石进行水解和溶滤作用,而使得岩石中的碳酸盐、硅酸盐等矿物(如方解石、长石等)发生水解,钙、锶等一系列组分溶于水中,从而使得地下水成为重碳酸钙型(HCO_3-Ca 型)含锶矿泉水。其主要过程如下:

$$(Ca.Sr)CO_3 + CO_2 + H_2O \longrightarrow (Ca.Sr)^{2+} + 2HCO_3^- \text{(方解石)}$$

$$(Ca.Sr)[Al_2Si_2O_8] + 2CO_2 + 2H_2O \longrightarrow H_2Al_2Si_2O_8 + 2HCO_3^- + (Ca.Sr)^{2+} \text{(斜长石)}$$

五、允许开采量计算

(一)计算依据和计算方法

当地村民介绍,双泉 1 号泉自古以来,流量变化稳定。梅雨、暴雨不见大,秋冬干旱不见小。勘查期间,经过近一年的长期观测,三角堰口的水头最高为 9.2 cm,3.62 L/s,日流量为 312.77 m³;最低为 6.00 cm,1.243 L/s,日流量为 107.42 m³。流量变化幅度远低于附近其他泉,但为了合理确定允许开采量,我们将降水作为影响双泉 1 号泉的主要衰减因素。因此按统计法计算开采量。

(1)根据长期观测记录,勘查期间过堰水位的最小值为 6.00 cm。查表换算得 1.243 L/s,4.476 m³/h,即勘查期间泉的最小流量为 107.42 m³/d。

(2)气象资料表明:

勘查期间的年降水量为 1 442 mm;多年平均降水量为 1 065.8 mm。

(3)因此计算出合理的稳定自流量:

(107.42×1065.8)÷1442 = 79.4 (m³/d)

故确定允许开采量为 70 m³/d。

(二)计算结果评价

(1)确定的允许开采量为 70 m³/d,为勘查期间测定的最小流量 107.42 m³/d 的 65%,留有余地,保证程度高。

（2）双泉1号泉自流量尽管受降水量影响不大，但计算时仍将勘查期间年降水量与多年平均年降水量的较大变差作为泉水的衰减系数，因此求出的允许开采量值偏小，保证系数高，具可靠性。

（3）长期观测期间，在设置三角堰测量时，由于地形地貌、地质条件所限，有部分泉水沿岩缝裂隙流失，因此泉实际流量应大于实测流量，而以实测数据计算出的允许开采量偏小，留有一定余地，结论可靠。

（4）矿泉水开发时，应对泉口进行改造，疏通或扩泉，泉周围的乱石应进行清理，并浇注水泥防护圈，杜绝泉水散流，以提高矿泉水的利用率。

六、水源地卫生防护和水资源保护

（一）矿泉水水源地卫生防护

老山一带，生态环境保护良好，风景秀丽，当地政府已把该地区作为旅游区进行开发。双泉1号泉出露于老山老庵东南侧坡脚下，泉周围植被丰富，自然环境理想，数公里范围内均无工业污染源，这对矿泉水的卫生防护极其有利。但双泉1号泉出露处地势相对较低，泉附近有其他泉眼出露。特别是洪水季节，泉口若不改造，泉水易受污染。因此根据国标卫生防护要求，提出以下具体建议，务必在矿泉水开发前实施：

（1）建立Ⅰ级保护区（严格保护区）：以双泉1号泉为中心，在半径15 m范围内，乱石应清除，地面应进行修整；泉东侧的平地可种植草木或浇注水泥；现有的水沟应进行改道或改造。保护区周围建置防护圈，设立标志，防止无关人员和禽畜进入。防护区内不得放置与取水设备无关的其他物品。

（2）建立Ⅱ级保护区（即内保护区）：在沿断层方向半径300 m，垂直断层方向150 m的椭圆范围内，禁止设置可导致矿泉水水质、水量、水温改变的饮水工程，禁止进行可能引起含水层污染的人类活动及经济-工程活动，以确保矿泉水水源地长期不受污染。

（3）建立Ⅲ级保护区（即外保护区）：在沿断层方向半径500 m，垂直断层方向300 m的椭圆范围内，只允许对水源地卫生情况没有危害的经济-工程活动。

（4）泉口周围的基岩应进行清理，泉口应进行挖掘、疏通。在此基础上浇注防护圈，防止其他泉水或洪水混入，以确保矿泉水水质长期稳定（图 8.4）。

（二）矿泉水水资源保护

（1）双泉 1 号泉最大开采量不得超过 70 m³/d。若要扩泉，扩大开采量，应由勘查部门进行补充勘查评价，并向有关主管部门申请报批。

（2）为确保水质、水量的长期稳定，应禁止在矿泉水的地质构造区段，特别是 F_3 断层一线（即泉西侧 150 m 以内）进行工程施工，放炮采石。

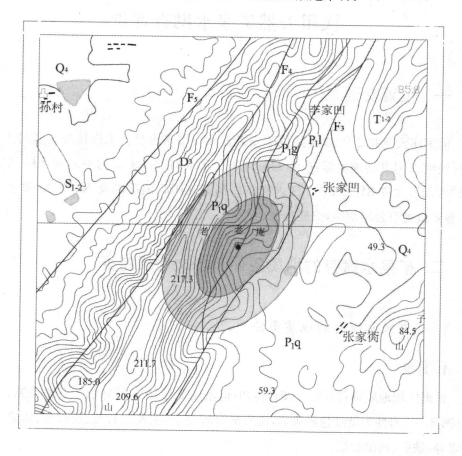

1. 地层界线；2. 断层及编号；3. 地层代号；4. 双泉 1 号泉；

5. Ⅰ级保护区；6. Ⅱ级保护区；7. Ⅲ级保护区

图 8.4　双泉 1 号泉卫生防护示意图

（3）在泉口附近,设置永久性观测堰,继续做好矿泉水的动态观测,认真做好开采利用情况的记录和水质年检工作,建立矿泉水的技术档案,并按规定及时将观测记录和年检结果报送有关主管部门。

（4）双泉1号泉矿泉水审批后进行开采生产时,不得再作他用。

第二节　霍山县但家庙大龙井2号、3号井饮用天然矿泉水勘查评价

一、位置交通

但家庙大龙井2号、3号井位于安徽省六安市霍山县但家庙镇观音庙村大龙井村民组,2号井地理坐标:东经116°24′35″、北纬31°29′38″,3号井地理坐标:东经116°24′31″,北纬31°29′37″。区内有济广高速、G105国道以及X001、X002县道等,各乡镇均有公路衔接,交通较便利。

二、矿泉水赋存的地质条件和水文地质特征

（一）矿泉水赋存的地质条件

1. 地层

根据区域地质资料及野外调查得知,但家庙2号井、3号井位于白垩系黑石渡组（图8.5）,岩性为紫红色砂砾岩,砾石成分较复杂,主要为石英、变质岩、岩浆岩、砂岩等,铁质、钙质胶结。

（1）大龙井2号井 ZK02（图8.6）:孔深为203.2 m,0～112.3 m采用直径219岩芯管钻进,112.3 m至终孔采用直径171 mm岩芯管钻进。据钻孔揭露,上部为第四系黏土夹砾石,厚度约为5.5 m,黄褐色,硬塑,中密-密实,粒径一般为10～20 mm,次棱角状;下部为黑石渡组砂砾岩,紫红色,弱风化,岩芯较完整,呈柱状,局部为碎块状。其中5.5～18.0 m处,RQD＝93%;18～112.3 m处,含水层4层,

厚度为 2.6 m,分别位于 51.8～52.1 m、63.5～63.8 m、76.5～77.5 m、87.8～88.8 m,RQD＝97%;112.3～203.2 m 处,含水层 4 层,厚度为 5.9 m,分别位于151.1～151.5 m、161.0～162.0 m、173.2～177.4 m、188.9～189.2 m,RQD＝93%。静水位埋深 1.5 m。

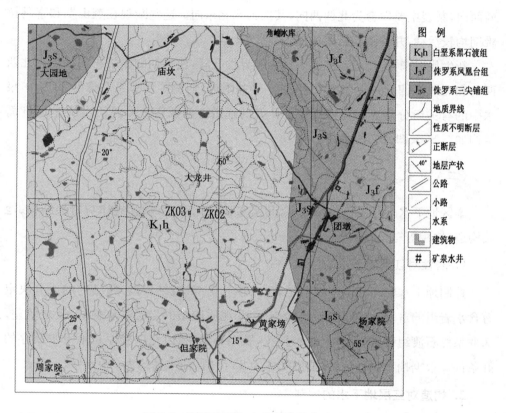

图 8.5　但家庙矿泉水井周边基岩地质图

　　(2) 大龙井 3 号井 ZK03:孔深为 232.6 m,0～127.5 m 采用直径 219 岩芯管钻进,127.5 m 至终孔采用直径 171 mm 岩芯管钻进。据钻孔揭露,上部为第四系黏土夹砾石,厚度约为 3 m,黄褐色,硬塑,中密-密实,粒径一般为 10～20 mm,次棱角状;下部为黑石渡组砂砾岩,紫红色,弱风化,岩芯较完整,呈柱状,局部为碎块状。其中 3～18 m 处,RQD＝93%;18～127.5 m 处,含水层 2 层,厚度为 2.2 m,分别位于 62.1～63.5 m、91.5～92.3 m,RQD＝97%;127.5～232.6 m 处,含水层 6 层,厚度为 10.8 m,分别位于 167.3～169.2 m、175.8～178.8 m、187.1～189.2 m、199.9～201.3 m、209.2～211.3 m、217.1～217.4 m,RQD＝90%。静水位埋

深0.8 m。

2. 构造

但家庙大龙井2号井、3号井位于秦岭地槽褶皱系（Ⅱ），北淮阳地槽褶皱带（Ⅱ₁），金（寨）-霍（山）复向斜（Ⅱ₁₁），霍山褶断束（Ⅱ₁₁₋₂）。区内总体构造方向为北西西向，断裂主要发育为北西西向，其次为北北东向。这些断裂在燕山期和喜马拉雅期均较活动，并伴随有岩浆的侵入。

新生代以来，构造运动主要表现为差异性升降，使早期的断裂再次活动。北西西向和北北东西穿过但家庙2号井、3号井附近，切割了白垩系和侏罗系，为矿泉水中的有关组分富集和运移提供了良好的通道。但家庙2号井、3号井地层剖面结构如图8.6、图8.7所示。

（二）矿泉水赋存的水文地质条件

本区地下水为红层孔隙裂隙水，其富水性变化较大，赋存规律与岩性结构、地质构造、地貌等有关。

1. 岩性对红层地下水的控制

控制地下水赋存的基本因素是岩性、颗粒粗细、胶结程度，胶结物的成分决定着含水岩组的富水性，颗粒粗、结构疏松、非泥质胶结的岩层富水性好，反之较差。侏罗系黑石渡组砂砾岩，该岩组颗粒粗，胶结不紧密，风化层较厚是地下水赋存的好条件。根据抽水试验结果，抽水降深为25 m时，涌水量约为700 m³/d。

2. 构造对红层地下水的控制

构造对地下水的形成、补给和赋存起着决定性的作用。本区断裂构造较发育，松散的风化带与构造裂隙带连通性好，易于地下水的循环交替，因而富水性好。

3. 地貌对红层地下水的控制

低山丘陵区上覆亚黏土不利于接受大气降水的补给，只有红层露头区才利于接受补给，并在低洼处富集。因此，大龙井在2号井、3号井均位于低洼处，水位埋藏浅水量较大。

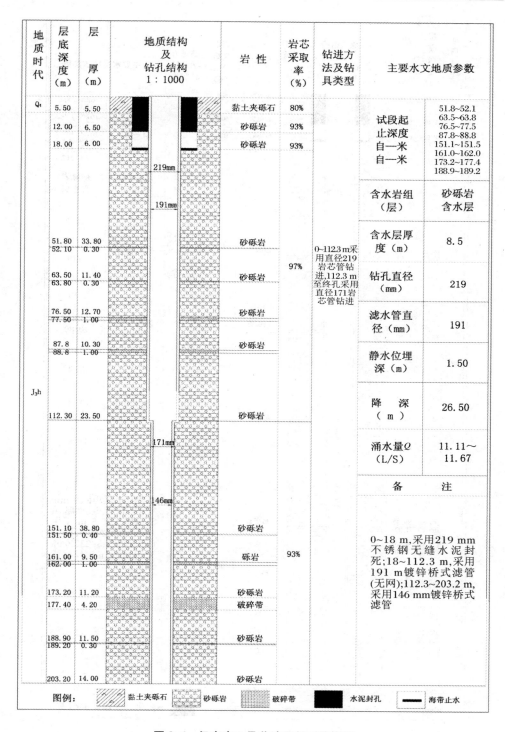

地质时代	层底深度(m)	层厚(m)	地质结构及钻孔结构 1:1000	岩性	岩芯采取率(%)	钻进方法及钻具类型	主要水文地质参数	
Q₄	5.50	5.50	219mm	黏土夹砾石	80%		试段起止深度自—米自—米	51.8~52.1 63.5~63.8 76.5~77.5 87.8~88.8 151.1~151.5 161.0~162.0 173.2~177.4 188.9~189.2
	12.00	6.50		砂砾岩	93%			
	18.00	6.00		砂砾岩	93%			
			191mm				含水岩组(层)	砂砾岩含水层
	51.80	33.80		砂砾岩	97%	0~112.3 m采用直径219岩芯管钻进,112.3 m至终孔采用直径171岩芯管钻进	含水层厚度(m)	8.5
	52.10	0.30						
	63.50	11.40		砂砾岩			钻孔直径(mm)	219
	63.80	0.30						
	76.50	12.70		砂砾岩			滤水管直径(mm)	191
	77.50	1.00						
	87.8	10.30		砂砾岩			静水位埋深(m)	1.50
J₃h	88.8	1.00						
	112.30	23.50		砂砾岩			降深(m)	26.50
			171mm				涌水量Q(L/S)	11.11~11.67
			146mm				备注	
	151.10	38.80		砂砾岩	93%		0~18 m,采用219 mm不锈钢无缝水泥封死;18~112.3 m,采用191 m镀锌桥式滤管(无网);112.3~203.2 m,采用146 mm镀锌桥式滤管	
	151.50	0.40						
	161.00	9.50		砾岩				
	162.00	1.00						
	173.20	11.20		砂砾岩				
	177.40	4.20		破碎带				
	188.90	11.50		砂砾岩				
	189.20	0.30						
	203.20	14.00		砂砾岩				

图例：　▨ 黏土夹砾石　▨ 砂砾岩　▨ 破碎带　■ 水泥封孔　▬ 海带止水

图 8.6　但家庙 2 号井地层剖面结构图

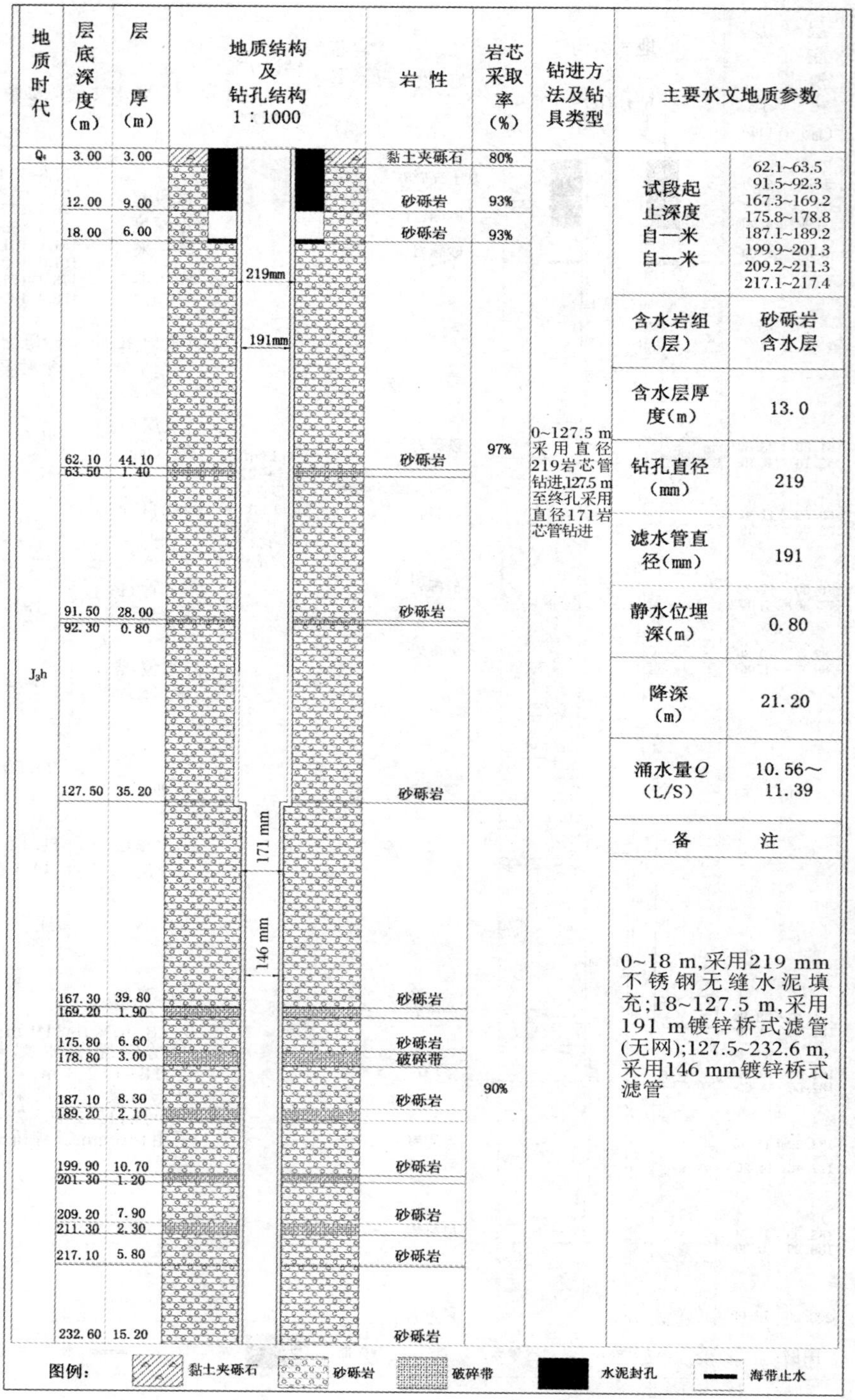

地质时代	层底深度 (m)	层厚 (m)	地质结构及钻孔结构 1:1000	岩 性	岩芯采取率 (%)	钻进方法及钻具类型	主要水文地质参数	
Q₄	3.00	3.00		黏土夹砾石	80%		试段起止深度自一米自一米	62.1~63.5 91.5~92.3 167.3~169.2 175.8~178.8 187.1~189.2 199.9~201.3 209.2~211.3 217.1~217.4
	12.00	9.00		砂砾岩	93%			
	18.00	6.00	219mm	砂砾岩	93%			
			191mm				含水岩组（层）	砂砾岩含水层
							含水层厚度(m)	13.0
	62.10	44.10		砂砾岩	97%	0~127.5 m采用直径219岩芯管钻进,127.5 m至终孔采用直径171岩芯管钻进	钻孔直径(mm)	219
	63.50	1.40		砂砾岩			滤水管直径(mm)	191
	91.50	28.00		砂砾岩			静水位埋深(m)	0.80
J₃h	92.30	0.80		砂砾岩			降深(m)	21.20
	127.50	35.20	171 mm	砂砾岩			涌水量Q(L/S)	10.56~11.39
			146 mm				备　　注	
	167.30	39.80		砂砾岩	90%		0~18 m,采用219 mm不锈钢无缝水泥填充;18~127.5 m,采用191 m镀锌桥式滤管(无网);127.5~232.6 m,采用146 mm镀锌桥式滤管	
	169.20	1.90		破碎带				
	175.80	6.60		砂砾岩				
	178.80	3.00		破碎带				
	187.10	8.30		砂砾岩				
	189.20	2.10						
	199.90	10.70		砂砾岩				
	201.30	1.20						
	209.20	7.90		砂砾岩				
	211.30	2.30						
	217.10	5.80		砂砾岩				
	232.60	15.20		砂砾岩				

图例：[黏土夹砾石] [砂砾岩] [破碎带] [水泥封孔] [海带止水]

图 8.7　但家庙 3 号井地层剖面结构图

野外调查数据显示,但家庙矿泉水井周边 16 km² 内民井水位埋深普遍为 0.16～1.10 m,井深为 4～8 m,个别民井水位埋深为 1.5～6.5 m,井深为 5～15 m。矿泉水井附近风化壳厚度为 4～8 m,第四系松散层厚度为 3～4 m,第四系松散层岩性主要为砂砾、中细砂。工作区可划分两个含水岩组,分别为松散岩类孔隙含水岩组、红层孔隙裂隙含水岩组(图 8.8),分述如下:

(1)松散岩类孔隙含水岩组

松散岩类孔隙水主要分布于河流沿岸两侧,含水层岩性主要是第四系全新统的分选性较好的砂砾层、中粗砂、粉细砂及亚砂土、亚黏土,厚度多为 3～4 m。含水层透水性较好,容易接受大气降水的补给,水量贫乏,单井涌水量小于 10 m³/d,水质较好,HCO_3-Ca·Na 型,溶解性总固体小于 1 g/L。

(2)红层孔隙裂隙含水岩组

主要分布于丘陵地。含水岩组主要由侏罗系黑石渡组、凤凰台组、三尖铺组的砂砾岩、砂岩组成,富水程度贫乏,单井涌水量为 10～100 m³/d。水质类型为 HCO_3-Na·Ca 型,溶解性总固体小于 1 g/L。

但家庙 2 号井成井深度为 203.2 m,含水层组主要由 8 层组成,厚度为 0.3～4.2 m,含水层总厚度为 8.5 m(表 8.11)。但家庙 3 号井成井深度为 232.6 m,含水层组主要由 8 层组成,厚度为 0.3～3.0 m,含水层总厚度为 13.0 m。根据抽水试验,开采降深为 20 m 时,涌水量为 600～650 m³/d。水化学类型为 HCO_3-Ca·Na 型,pH 为 7.33～7.50,总硬度为 168.15～189.2,溶解性总固体为 324～473.3。矿泉水中 Zn 含量大于 0.2 mg/L,偏硅酸含量大于 25 mg/L,并含有多种有益健康的微量元素(表 8.12)。

表 8.11 但家庙 2 号井矿泉水指标对比表

检测地点 \ 项目	Zn(mg/L)	偏硅酸(mg/L)	水质类型
南京(2015-09)	0.11	61.5	HCO_3-Ca·Na
正定(2016-01)	0.338	58.63	HCO_3-Ca·Na
合肥(2016-01)	0.266 9	54.52	HCO_3-Ca·Na
合肥(2016-04)	0.118 3	49.9	HCO_3-Ca·Na

表 8.12　但家庙 3 号井矿泉水指标对比表

项目 检测地点	Zn(mg/L)	偏硅酸(mg/L)	水质类型
南京(2015-09)	0.34	63.2	HCO_3-Ca·Na
正定(2016-01)	0.507	58.44	HCO_3-Ca·Na
合肥(2016-01)	0.55	55.55	HCO_3-Ca·Na
合肥(2016-04)	0.9363	50.6	HCO_3-Ca·Na
合肥(2016-05)	0.238	50.64	HCO_3-Ca·Na

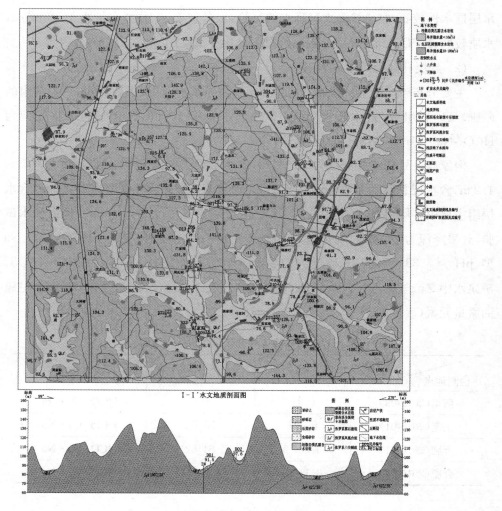

图 8.8　综合水文地质图

三、矿泉水的物理性质和化学成分

（一）矿泉水的物理化学特征

2015年9月～2016年6月期间，对安徽省六安市霍山县但家庙镇大龙井2号井、3号井分别进行丰、平、枯三个时期采集水样，并分别送至国土资源部地下水矿泉水及环境监测中心（正定）、国土资源部南京矿产资源监督检测中心和国土资源部合肥矿产资源监督检测中心进行检测。检测结果分述如下：

1. 物理特征

根据检测结果，该矿泉水清澈透明，无臭无味，其物理指标均符合《饮用天然矿泉水》（GB 8537—2018）中的标准（表8.13、表8.14）。

表8.13　但家庙大龙井2号井矿泉水观感指标与实测含量表

项目	采样日期及检验结果				国家标准
	2015-09	2016-01	2016-01	2016-04	
色度/度	<5	<5	<5	<5	≤15（不得呈现其他异色）
浑浊度/NTU	<4	2.9	<1	4	≤5
臭和味	无	无	无	无	具有矿泉水特征性口味，不得有异臭异味
可见物	清透	无	无	无	允许有极少量的天然矿物盐沉淀，但不得含其他异物
检测单位地点	南京	正定	合肥	合肥	

表8.14　但家庙大龙井3号井矿泉水观感指标与实测含量表

项目	采样日期及检验结果					国家标准
	2015-09	2016-01	2016-01	2016-04	2016-05	
色度/度	<5	<5	<5	<5	<5	≤15（不得呈现其他异色）
浑浊度/NTU	<4	<2	<1	5	<1	≤5

续表

项目	采样日期及检验结果					国家标准
	2015-09	2016-01	2016-01	2016-04	2016-05	
臭和味	无	无	无	无	无	具有矿泉水特征性口味,不得有异臭异味
可见物	清透	无	无	少量白色沉淀	无	允许有极少量的天然矿物盐沉淀,但不得含其他异物
检测单位地点	南京	正定	合肥	合肥	合肥	

说明:由于但家庙大龙井 3 号井于 2016 年 4 月的检测结果中有少量白色沉淀,故对但家庙大龙井 3 号井水样进行复验,复验检测结果显示其物理指标均符合《饮用天然矿泉水》(GB 8537—2018)中的标准。

2. 化学成分

但家庙大龙井 2 号井水质类型属 HCO_3-Ca·Na 型。HCO_3 含量为 263～277.64 mg/L,Ca^{2+} 含量为 66.11～68.36 mg/L,Na^+ 含量为 38.9～40.51 mg/L,总硬度(以 $CaCO_3$ 计)为 168.15～174.6 mg/L,溶解性总固体为 324～461 mg/L,pH 为 7.36～7.5(表 8.15)。

表 8.15　但家庙大龙井 2 号井矿泉水化学指标特征值

项目	采样日期及检验结果			
	2015-09	2016-01	2016-01	2016-04
K^+	0.34	0.4	0.46	0.3
Na^+	38.9	40.51	40.4	40.45
Ca^{2+}	67.2	68.36	66.9	66.11
Mg^{2+}	1.02	1.00	0.95	0.75
Al^{3+}	/	<0.02	/	/
NH_4^+	0.24	<0.04	<0.2	<0.02
HCO_3^-	263	270.8	277.64	268.5
CO_3^{2-}	<1	0	0	0
Cl^-	8.03	5.37	6.76	6.8

续表

项目	采样日期及检验结果			
	2015-09	2016-01	2016-01	2016-04
SO_4^{2-}	25.8	16.95	18	18.25
F^-	<0.05	0.31	0.2	0.23
NO_3^-	3.89	3.68	3.17	3.23
pH	7.5	7.36	7.5	7.41
总硬度（以 $CaCO_3$ 计）	172	174.6	170.98	168.15
溶解性总固体	324	452.5	461	429
偏硅酸	61.5	58.63	54.52	49.9
游离二氧化碳	5.22	11.07	7.8	5.8
检测地点	南京	正定	合肥	合肥

但家庙大龙井 3 号井水质类型属 HCO_3-Ca·Na 型。HCO_3 含量为 285～286.79 mg/L，Ca^{2+} 含量为 67.52～73.41 mg/L，Na^+ 含量为 38.71～39.78 mg/L，总硬度（以 $CaCO_3$ 计）为 174.49～189.2 mg/L，溶解性总固体为 332～473.3 mg/L，pH 为 7.33～7.46（表 8.16）。

表 8.16　但家庙大龙井 3 号井矿泉水观感指标与实测含量表

项目	采样日期及检验结果				
	2015-09	2016-01	2016-01	2016-04	2016-05
K^+	0.54	0.46	0.54	0.35	0.44
Na^+	39.3	39.32	39.51	39.78	38.71
Ca^{2+}	69.9	73.41	72.85	70.31	67.52
Mg^{2+}	1.47	1.48	1.42	1.28	1.43
Al^{3+}	/	<0.02	/	/	/
NH_4^+	0.22	<0.04	<0.2	0.022	<0.02
HCO_3^-	285	285.3	286.79	277.6	271.54
CO_3^{2-}	<1	0	0	0	0
Cl^-	8.45	7.16	8.11	6.8	5.08
SO_4^{2-}	18.8	17.47	17.2	17.4	22.32
F^-	<0.05	0.22	0.17	0.2	0.19

项目	采样日期及检验结果				
	2015-09	2016-01	2016-01	2016-04	2016-05
NO_3^-	2.78	3.6	2.82	2.79	3.61
pH	7.42	7.33	7.46	7.36	7.41
总硬度（以 $CaCO_3$ 计）	181	189.2	187.75	180.84	174.49
溶解性总固体	332	473.3	469	447	445
偏硅酸	63.2	58.44	55.55	50.6	50.64
游离二氧化碳	5.22	10.28	7.8	5.8	3.9
检测地点	南京	正定	合肥	合肥	合肥

3. 水化学分类

按其酸碱度分类：但家庙大龙井 2 号井矿泉水 pH 为 7.36～7.5，属弱碱性水；但家庙大龙井 3 号井矿泉水 pH 为 7.33～7.46，属弱碱性水。

按硬度分类：但家庙大龙井 2 号井矿泉水总硬度（以 $CaCO_3$ 计）为 168.15～174.6 mg/L，为中硬水；但家庙大龙井 3 号井矿泉水总硬度（以 $CaCO_3$ 计）为 174.49～189.2 mg/L，为中硬水。

按溶解性总固体分类：但家庙大龙井 2 号井矿泉水溶解性总固体为 324～461 mg/L，位于＜1 g/L 淡水区间，为淡水；但家庙大龙井 3 号井矿泉水溶解性总固体为 332～473.3 mg/L，位于＜1 g/L 淡水区间，为淡水。

按舒卡列夫分类：溶解性总固体＜1.5 mg/L，为 A 组，但家庙大龙井 2 号井和 3 号井矿泉水中大于 25％毫克当量的离子主要有 HCO_3-Ca·Na，故大龙井 2 号井、3 号井矿泉水均为 HCO_3-Ca·Na 型。

（二）矿泉水的水质评价

将中华人民共和国国家标准《饮用天然矿泉水》（GB 8537—2018）中的技术要求作为但家庙 2 号井、3 号井饮用天然矿泉水的评价依据。主要水样由国土资源部合肥矿产资源监督检测中心、国土资源部南京矿产资源监督检测中心、国土资源部地下水矿泉水及环境监测中心、合肥市疾病预防控制中心等具有国家级质量认证资格的单位检测。根据国家标准《饮用天然矿泉水》（GB 8537—2018）中所列各

项指标对比如下:

1. 饮用天然矿泉水的界限指标

根据国家标准《饮用天然矿泉水》(GB 8537—2018)的要求,应有一项(或一项以上)符合国家标准的规定。检测结果显示,但家庙大龙井 2 号井偏硅酸含量符合国家标准的规定,2016 年 1 月正定、合肥检测结果锌含量符合国家标准的规定(表8.17)。但家庙大龙井 3 号井偏硅酸、锌含量均符合国家标准的规定,2016 年 1 月正定、合肥检测结果锶含量符合国家标准的规定(表8.18)。综上,但家庙 2 号井、3 号井矿泉水界限指标检测结果均符合国家标准《饮用天然矿泉水》(GB 8537—2018)的要求。

表 8.17　但家庙大龙井 2 号井矿泉水界限指标与实测含量表

项目	采样日期及检验结果				国家标准
	2015-09	2016-01	2016-01	2016-04	
锂(mg/L)	0.002 7	0.008	0.006 28	0.005 759	≥0.20
锶(mg/L)	0.07	0.142	0.140 6	0.126 3	≥0.20(含量为 0.20～0.40 mg/L 时,水源水水温应在 25 ℃以上)
锌(mg/L)	0.11	0.338	0.266 9	0.118 3	≥0.20
碘化物(mg/L)	0.005 3	<0.02	<0.01	<0.01	≥0.20
偏硅酸(mg/L)	61.5	58.63	54.52	49.90	≥25.0(含量为 25.0～30.0 mg/L 时,水源水水温应在 25 ℃以上)
硒(mg/L)	0.000 6	0.001	0.000 96	0.001 08	≥0.01
游离二氧化碳(mg/L)	5.22	11.07	7.8	5.8	≥250
溶解性总固体(mg/L)	324	452.5	461	429	≥1 000
检测单位地点	南京	正定	合肥	合肥	

表 8.18 但家庙大龙井 3 号井矿泉水界限指标与实测含量表

项目	采样日期及检验结果					国家标准
	2015-09	2016-01	2016-01	2016-04	2016-05	
锂（mg/L）	0.002 5	0.008	0.006 543	0.006 1	0.005 35	≥0.20
锶（mg/L）	0.084	0.204	0.200 7	0.167 8	0.178 5	≥0.20（含量为 0.20～0.40 mg/L 时，水源水水温应在 25 ℃以上）
锌（mg/L）	0.34	0.507	0.55	0.936 3	0.238	≥0.20
碘化物（mg/L）	<0.005	<0.02	<0.01	<0.01	<0.01	≥0.20
偏硅酸（mg/L）	63.2	58.44	55.55	50.60	50.64	≥25.0（含量为 25.0～30.0 mg/L 时，水源水水温应在 25 ℃以上）
硒（mg/L）	0.000 5	<0.001	0.000 86	0.000 89	0.000 88	≥0.01
游离二氧化碳（mg/L）	5.22	10.28	7.8	5.8	3.90	≥250
溶解性总固体（mg/L）	332	473.3	469	447	445	≥1 000
检测单位地点	南京	正定	合肥	合肥	合肥	

2. 饮用天然矿泉水的限量指标

根据检测结果，但家庙大龙井 2 号井、3 号井矿泉水所有限量指标均符合国家标准《饮用天然矿泉水》(GB 8537—2018)的要求（表 8.19、表 8.20）。

表 8.19 但家庙大龙井 2 号井矿泉水限量指标与实测含量表

项目	采样日期及检验结果				国家标准
	2015-09	2016-01	2016-01	2016-04	
硒（mg/L）	0.000 6	0.001	0.000 96	0.001 08	<0.05
锑（mg/L）	<0.000 3	<0.000 5			<0.005
砷（mg/L）	0.000 7	<0.001	<0.000 4	0.000 73	<0.01
铜（mg/L）	0.000 3	<0.01	0.001 01	<0.2	<1.0
钡（mg/L）	0.007 2	0.01	0.010 4	0.006 3	<0.7
镉（mg/L）	<0.000 2	<0.002	<0.000 06	<0.000 06	<0.003
铬（mg/L）	0.002	<0.02	0.002 53	0.003 79	<0.05

续表

项目	采样日期及检验结果				国家标准
	2015-09	2016-01	2016-01	2016-04	
铅(mg/L)	0.000 7	<0.001	<0.000 1	<0.000 1	<0.01
汞(mg/L)	<0.000 1	<0.000 1	<0.000 05	<0.000 05	<0.001
锰(mg/L)	0.000 6	0.002	0.004 3	<0.000 1	<0.4
镍(mg/L)	0.001 6	<0.008	0.000 44	0.000 25	<0.02
银(mg/L)	<0.001	<0.001	<0.000 01	0.000 016	<0.05
溴酸盐(mg/L)	<0.005	<0.01 (溴化物)	0.019 1 (溴化物)	0.023 (溴化物)	国家标准规定溴酸盐含量<0.01
硼酸盐(以 B 计) (mg/L)	0.14	<0.1	0.037 7	0.021 39	<5
硝酸盐(以 NO_3^- 计) (mg/L)	3.89	3.68	3.17	3.23	<45
氟化物(以 F^- 计) (mg/L)	<0.05	0.31	0.2	0.23	<1.5
耗氧量(以 O_2 计) (mg/L)	<0.5	0.39	<0.5	0.53	<3.0
^{226}镭放射性 (Bq/L)	0.23	0.01			<1.1
检测单位地点	南京	正定	合肥	合肥	

表 8.20　但家庙大龙井 3 号井矿泉水限量指标与实测含量表

项目	采样日期及检验结果					国家标准
	2015-09	2016-01	2016-01	2016-04	2016-05	
硒(mg/L)	0.000 5	<0.001	0.000 86	0.000 89	0.000 88	<0.05
锑(mg/L)	<0.000 3	<0.000 5				<0.005
砷(mg/L)	0.000 7	<0.001	<0.000 4	0.000 42	0.000 44	<0.01
铜(mg/L)	0.000 3	<0.01	0.000 89	0.000 23	<0.000 2	<1.0
钡(mg/L)	0.005 4	0.008	0.008 6	0.006 5	0.010 4	<0.7
镉(mg/L)	<0.000 2	<0.002	<0.000 06	<0.000 06	<0.000 06	<0.003
铬(mg/L)	0.001 1	<0.02	0.002 83	0.003 98	0.003 72	<0.05
铅(mg/L)	0.000 4	<0.001	0.004 27	<0.000 1	<0.000 1	<0.01

项目	采样日期及检验结果					国家标准
	2015-09	2016-01	2016-01	2016-04	2016-05	
汞(mg/L)	<0.000 1	<0.000 1	<0.000 05	<0.000 05	<0.000 05	<0.001
锰(mg/L)	0.006 2	0.005	0.005 5	0.001 77	0.002 6	<0.4
镍(mg/L)	0.001 5	<0.008	0.000 45	0.000 54	0.000 47	<0.02
银(mg/L)	<0.001	<0.001	<0.000 01	0.000 023	<0.000 01	<0.05
溴酸盐(mg/L)	<0.005	<0.01(溴化物)	0.020 6(溴化物)	0.025(溴化物)	0.022(溴化物)	国家标准规定溴酸盐含量<0.01
硼酸盐(以 B 计)(mg/L)	0.13	<0.1	0.026 7	0.021 83	<0.020	<5
硝酸盐(以 NO_3^- 计)(mg/L)	2.78	3.6	2.82	2.79	3.61	<45
氟化物(以 F^- 计)(mg/L)	<0.05	0.22	0.17	0.2	0.19	<1.5
耗氧量(以 O_2 计)(mg/L)	<0.5	0.78	<0.5	<0.5	<0.5	<3.0
^{226}镭放射性(Bq/L)	0.054	0.01				<1.1
检测单位地点	南京	正定	合肥	合肥	合肥	

3．饮用天然矿泉水的污染物指标

根据检测结果,但家庙大龙井 2 号井、3 号井矿泉水所有污染物指标均符合国家标准《饮用天然矿泉水》(GB 8537—2018)的要求(表 8.21、表 8.22)。

表 8.21　大龙井 2 号井矿泉水污染物指标与实测含量表

项目	采样日期及检验结果				国家标准
	2015-09	2016-01	2016-01	2016-04	
挥发酚(以苯酚计)(mg/L)	<0.002	<0.001 5	<0.002	<0.002	<0.002
氰化物(以 CN^- 计)(mg/L)	<0.005	<0.001	<0.000 5	<0.000 5	<0.010
阴离子合成洗涤剂(mg/L)	<0.02	<0.1			<0.3
矿物油(mg/L)	<0.005	<0.005			<0.05

续表

项目	采样日期及检验结果				国家标准
	2015-09	2016-01	2016-01	2016-04	
亚硝酸盐(以 NO_2^- 计)(mg/L)	0.008 4	＜0.002	＜0.003	＜0.003	＜0.1
总β放射性(Bq/L)	0.092	0.05			＜1.50
检测单位地点	南京	正定	合肥	合肥	

表 8.22　大龙井 3 号井矿泉水污染物指标与实测含量表

项目	采样日期及检验结果					国家标准
	2015-09	2016-01	2016-01	2016-04	2016-05	
挥发酚(以苯酚计)(mg/L)	＜0.002	＜0.001 5	＜0.002	＜0.002	＜0.002	＜0.002
氰化物(以 CN^- 计)(mg/L)	＜0.005	＜0.001	＜0.000 5	＜0.000 5	＜0.000 5	＜0.010
阴离子合成洗涤剂(mg/L)	＜0.02	＜0.1				＜0.3
矿物油(mg/L)	＜0.005	＜0.005				＜0.05
亚硝酸盐(以 NO_2^- 计)(mg/L)	0.008 4	＜0.002	＜0.003	＜0.003	0.003	＜0.1
总β放射性(Bq/L)	0.14	0.03				＜1.50
检测单位地点	南京	正定	合肥	合肥	合肥	

4. 饮用天然矿泉水的微生物指标

根据安徽省公众检验研究院有限公司和安徽省疾病预防控制中心微生物指标检测结果,但家庙 2 号井、3 号井微生物指标均符合国家标准《饮用天然矿泉水》(GB 8537—2018)的要求(表 8.23、表 8.24)。

表 8.23　但家庙大龙井 2 号井矿泉水微生物指标与实测含量表

项目	采样日期及检验结果	国家标准
	2015-10	
大肠菌群(MPN/100 mL)	0	0
粪链球菌(CFU/250 mL)	0	0
铜绿假单胞菌(CFU/250 mL)	0	0
产气荚膜梭菌(CFU/50 mL)	0	0
检测单位	安徽省公众检验研究院有限公司	

表 8.24 但家庙大龙井 3 号井矿泉水微生物指标与实测含量表

项目	采样日期及检验结果		国家标准
	2015-10	2016-07	
大肠菌群（MPN/100 mL）	0	0	0
粪链球菌（CFU/250 mL）	0	0	0
铜绿假单胞菌（CFU/250 mL）	0	0	0
产气荚膜梭菌（CFU/50 mL）	0	0	0
检测单位	安徽省公众检验研究院有限公司	安徽省疾病预防控制中心	

5. 其他微量成分

除按国家饮用天然矿泉水标准中所列规定测试的 54 项理化指标外，我们又增测了钴、钒等参考指标。所测结果表明：但家庙大龙井 2 号井、3 号井矿泉水中含有多种有利于人体健康成分的有益组分，如铁、锰、钼、钴、磷等。有害指标含量极少，均不超过国标要求。

6. 元素与人体健康医学功能

大龙井 2 号井、3 号井矿泉水中除偏硅酸、锌指标达到国标要求以外，还含有丰富的多种宏量、微量元素。这些元素对人类的生殖、生长、发育、代谢、遗传、思维、记忆、长寿保健等方面都有极其重要的作用。医学环境地球化学研究表明，这些生物必需元素具有多种医疗保健、强身健体的功效（表 8.25）。

7. 水质综合评价

根据《饮用天然矿泉水》（GB 8537—2018）规定的技术指标要求衡量，大龙井 2 号井和 3 号井水质详见表 8.26 和表 8.27。大龙井 2 号井矿泉水中的偏硅酸含量、大龙井 3 号井矿泉水中的偏硅酸与锌含量达到国标中界限指标的要求。矿泉水中还含有钙、镁等多种有益组分和矿物质。而各限量指标、污染物指标、微生物指标等均在规定的范围内，感官指标良好。常量组分中阴离子以重碳酸根为主，阳离子以钙、钠离子为主。因此大龙井 2 号井矿泉水定名为"偏硅酸型饮用天然矿泉水"，大龙井 3 号井矿泉水定名为"偏硅酸锌型饮用天然矿泉水"，可以作为饮用天然矿泉水开发。

表 8.25　元素与人体健康生理功能作用一览表

元素名称	生物结构组分	人体含量		人体日常摄入量	地下水天然背景含量	矿泉水含量（mg/L）	元素与人体健康医学功能
		人体总含量	血中含量				
镁	生命必需元素	42 g		220～480 mg	15～45 mg	0.95～1.47	有助于维持膜位差,助于传递神经信息,参与对脱氧核糖核酸（DNA）的复制和蛋白质合成。富含镁的矿水对于抑制大脑皮层兴奋镇静、降低动脉血压和降低腮固醇的含量具有明显作用;并具有抗肿痛的作用,参与成骨作用,具有一定的医疗价值
锶	生物必需元素亲骨元素	170 mg	0.18 mg	2 mg	0.1～0.5 mg	0.07～2.204	具有壮骨骼、成骨作用,防治心血管病等
游离二氧化碳					20～30 mg	3.90～11.07	通过细胞被吸收,有扩张毛细血管、促进血液循环、兴奋神经中枢的作用,并能减轻心脏负担,医疗上用来治疗高血压、心脏病、心肌梗死等疾病,有"心脏的汤"之称,加速水分吸收,有利尿、治肠胃和慢性便秘的功效
锂	必需微量元素	2.2 mg	0.10 mg	2 mg	1～10 μg	0.002 5～0.008	对于调节植物神经稳定具有重要作用,在锂含量较高的水土环境中,心脏病和癌症的发病率显著降低

元素名称	生物结构组分	人体含量		人体日常摄入量	地下水天然背景含量	矿泉水含量（mg/L）	元素与人体健康医学功能
		人体总含量	血中含量				
锌	生物必需微量元素	2.31 g	34 mg	17 mg	1～10 μg	0.11～0.936 3	参与18种酶的合成，可激活80多种酶参与多种蛋白质的合成与代谢，对于脂质具有抗过氧化作用，参与细胞合成，可促使细胞分裂、生长和繁殖。锌可提高细胞膜抵抗氧自由基的能力，增强细胞膜的稳定性。适量的锌对人体起预防与保健、抗衰老和增加机体免疫能力等多种作用
碘	必需微量元素	10～25 mg		200 μg	5～10 μg	＜0.01	参与甲状腺素合成，调节人体新陈代谢，促进生长发育，维护神经系统的功能
硼	必需微量元素	45 mg	0.5 mg	10～20 mg	5～10 μg	＜0.1	具有促进钙和镁吸收的作用，能够强壮骨骼，更好地维持身体的代谢功能，进一步促进胚胎发育。还可以参与人体内多种免疫物质的合成，作用于免疫系统，增强免疫功能
铁	生物必需元素	4～6 g	2.5 g	15～25 mg	＜0.3 mg	0.006～0.083 7	具有造血和输氧的重要功能
硒	生命必需微量元素	13 mg	1.1 mg	40×10^{-9}～120×10^{-9}	0.02×10^{-9}～2×10^{-9}	0.000 5～0.001 08	具有抗过氧化作用，有助于抗癌，能抑制过氧效应，分解过氧化物，清除有害的自由基，修复损伤的细胞，提高机体的免疫能力，对维持心脏正常功能和形态完整具有重要意义

续表

元素名称	生物结构组分	人体含量		人体日常摄入量	地下水天然背景含量	矿泉水含量(mg/L)	元素与人体健康医学功能
		人体总含量	血中含量				
钒	亲脂元素	21 mg	0.08 mg	0.3 mg	0.01～1.0 μg	0.002 2～0.004 58	可刺激血红蛋白、红细胞、网状细胞的生成,有利于脂肪代谢和胆固醇的分解,并具有抗动脉粥样硬化、预防龋齿作用
钼	生物必需微量元素	9.3 mg		450 μg	0.01～5.0 μg	＜0.000 5	是黄嘌呤氧化酶/脱氢酶、醛氧化酶和亚硫酸盐氧化酶的组成成分,具有催化硝酸盐、亚硝酸盐转化为植物蛋白质的作用
钴	生物必需微量元素	2.1 mg	1.7 μg	7 μg	0.01～6.0 μg	＜0.000 1	是维生素 B_{12} 的组成部分之一,参与了维生素 B_{12} 的合成;能刺激人体骨髓的造血系统,促使血红蛋白的合成及红细胞数目的增加;改善锌的生物活性,使锌易于在肠道吸收;能和蛋白质结合,同时对人体生长、发育、糖类和蛋白质代谢都有重要影响;还有驱脂作用,防止脂肪在肝细胞内沉着,预防脂肪肝

四、矿泉水形成机制

(一)矿泉水的地质构造条件

地下水的运移和富集既与地层、岩性有关,又受地质构造控制。区内主体褶皱为霍山-九井盆地,形成时期为燕山晚期,构造线为北西西向,地层为侏罗系毛坦厂组、白垩系黑石渡组。东段受北西西向和北北东向断层影响,规律性不强。

区内断裂较发育,以北西西向和北北东向为主,这些不同方向的断裂多属深断裂,并伴随有岩浆的侵入和喷发。

区内地层岩性及发育的断裂构造有利于矿泉水的形成。来自南部山区及东部分水岭地带的地下水经深部循环,并向远处运移,其中一部分通过断裂裂隙向西北运移。地下水在运移过程中溶解和汇集了黑石渡组、三尖铺组、毛坦厂组、凤凰台岩组、潘家岭岩组、小溪河岩组等岩石中与矿泉水有密切关系的元素或矿物组分,经深断裂控制和多种物理、化学作用,形成含有多种有益于人体健康有关元素的矿泉水。

(二)矿泉水的岩石地球化学特征

矿泉水的形成离不开原岩的化学成分,区内与形成矿泉水水质有关的岩石主要为碳酸盐岩。据安徽省区域地质志资料,碳酸盐岩的微量元素华北地区和扬子地层区 Ba、Sr、Cr、Co、V、Cu、Zn、Mo 都高于地壳丰度值。其中华北与扬子两大地层区之间又有差异。扬子地层区石灰岩中的 Mo 是华北地层区的 3 倍,Cr 约 2.5 倍,Co、V 约 1.5 倍,Ba、Sr、Cu 相近。扬子地层区的亲石灰岩元素为 Sr,同时碳酸盐岩主要由 $CaCO_3$ 和 $MgCO_3$ 组成。因此,区内岩石中含有丰富的 SiO_2、CO_2 和 Sr、Zn 以及其他有益于人体健康的微量元素,这为矿泉水的形成提供了良好的物质基础。

此外,在其他硅酸盐类岩石中,含钙的硅酸盐矿物,如二长石英片岩、绿帘石英岩等,在水解的过程中不但为地下水提供了硅的来源,也为水中钙、锶的来源提供了一定的物质基础。

表 8.26 霍山县但家庙镇大龙井 2 号井水质检测表

日期	2015-09	2016-01	2016-01	2016-04
色度	<5	<5	<5	<5
浑浊度	<4	2.9	<1	4
臭和味	无	无	无	无
可见物	清透	无	无	无
硒(mg/L)	0.000 6	0.001	0.000 96	0.001 08
锑(mg/L)	<0.000 3	<0.000 5		
砷(mg/L)	0.000 7	<0.001	<0.000 4	0.000 73

续表

日期	2015-09	2016-01	2016-01	2016-04
铜（mg/L）	0.000 3	＜0.01	0.001 01	＜0.000 2
钡（mg/L）	0.007 2	0.01	0.010 4	0.006 3
镉（mg/L）	＜0.000 2	＜0.002	＜0.000 06	＜0.000 06
铬（mg/L）	0.002	＜0.02	0.002 53	0.003 79
铅（mg/L）	0.000 7	＜0.001	＜0.000 1	＜0.000 1
汞（mg/L）	＜0.000 1	＜0.000 1	＜0.000 05	＜0.000 05
锰（mg/L）	0.000 6	0.002	0.004 3	＜0.000 1
镍（mg/L）	0.001 6	＜0.008	0.000 44	0.000 25
银（mg/L）	＜0.001	＜0.001	＜0.000 01	0.000 016
溴酸盐（mg/L）	＜0.005	＜0.01（溴化物）	0.019 1（溴化物）	0.023（溴化物）
硼酸盐（以 B 计）（mg/L）	0.14	＜0.1	0.037 7	0.021 39
硝酸盐（以 NO_3^- 计）（mg/L）	3.89	3.68	3.17	3.23
氟化物（以 F^- 计）（mg/L）	＜0.05	0.31	0.2	0.23
耗氧量（mg/L）	＜0.5	0.39	＜0.5	0.53
^{226}镭放射性（Bq/L）（mg/L）	0.23	0.01		
挥发酚（以苯酚计）（mg/L）	＜0.002	＜0.001 5	＜0.002	＜0.002
氰化物（以 CN^- 计）（mg/L）	＜0.005	＜0.001	＜0.000 5	＜0.000 5
阴离子合成洗涤剂（mg/L）	＜0.02	＜0.1		
矿物油（mg/L）	＜0.005	＜0.005		
亚硝酸盐（以 NO_2^- 计）（mg/L）	0.008 4	＜0.002	＜0.003	＜0.003
总 β 放射性（Bq/L）	0.092	0.05		
微生物指标	0			
检测地点	南京	正定	合肥	合肥
结论	检测结果均符合国家标准			

表 8.27 霍山县但家庙镇大龙井 3 号井水质检测表

日期	2015-09	2016-01	2016-01	2016-04	2016-05
色度	＜5	＜5	＜5	＜5	＜5
浑浊度	＜4	＜2	＜1	5	＜1

日期	2015-09	2016-01	2016-01	2016-04	2016-05
臭和味	无	无	无	无	无
可见物	清透	无	无	少量白色沉淀	无
硒(mg/L)	0.000 5	<0.001	0.000 86	0.000 89	0.000 88
锑(mg/L)	<0.000 3	<0.000 5			
砷(mg/L)	0.000 7	<0.001	<0.000 4	0.000 42	0.000 44
铜(mg/L)	0.000 3	<0.01	0.000 89	0.000 23	<0.000 2
钡(mg/L)	0.005 4	0.008	0.008 6	0.006 5	0.010 4
镉(mg/L)	<0.000 2	<0.002	<0.000 06	<0.000 06	<0.000 06
铬(mg/L)	0.001 1	<0.02	0.002 83	0.003 98	0.003 72
铅(mg/L)	0.000 4	<0.001	0.004 27	<0.000 1	<0.000 1
汞(mg/L)	<0.000 1	<0.000 1	<0.000 05	<0.000 05	<0.000 05
锰(mg/L)	0.006 2	0.005	0.005 5	0.001 77	0.002 6
镍(mg/L)	0.001 5	<0.008	0.000 45	0.000 54	0.000 47
银(mg/L)	<0.001	<0.001	<0.000 01	0.000 023	<0.000 01
溴酸盐(mg/L)	<0.005	<0.01（溴化物）	0.020 6（溴化物）	0.025（溴化物）	0.022（溴化物）
硼酸盐(以 B 计)(mg/L)	0.13	<0.1	0.026 7	0.021 83	<0.020
硝酸盐(以 NO_3^- 计)(mg/L)	2.78	3.6	2.82	2.79	3.61
氟化物(以 F^- 计)(mg/L)	<0.05	0.22	0.17	0.2	0.19
耗氧量(mg/L)	<0.5	0.78	<0.5	<0.5	<0.5
[226]镭放射性(Bq/L)(mg/L)	0.054	0.01			
挥发酚(以苯酚计)(mg/L)	<0.002	<0.001 5	<0.002	<0.002	<0.002
氰化物(以 CN^- 计)(mg/L)	<0.005	<0.001	<0.000 5	<0.000 5	<0.000 5
阴离子合成洗涤剂(mg/L)	<0.02	<0.1			
矿物油(mg/L)	<0.005	<0.005			
亚硝酸盐(以 NO_2^- 计)(mg/L)	0.008 4	<0.002	<0.003	<0.003	0.003
总 β 放射性(Bq/L)	0.14	0.03			
微生物指标	0				
检测地点	南京	正定	合肥	合肥	合肥
结论	检测结果均符合国家标准				

（三）矿泉水形成的水文地球化学条件

岩石地球化学特征、水岩作用条件及水岩作用过程均直接影响着矿泉水的物质来源和组分含量。

区内，大气降水通过孔隙裂隙（主要为裂隙）渗透补给后，在沿裂隙、断裂向深部移运循环过程中，由于降水中的 CO_2 和土壤微生物分解产生的 CO_2 随降水渗入地下，在一定温度和压力环境中，得以长期与周围岩石进行水解和溶滤作用，而使得岩石中的硅酸盐等难溶矿物（如二长石英片岩、绿帘石英岩等）发生水解，其主要过程为

$$(Ca.Si)[Al_2Si_2O_8] + 2CO_2 + 2H_2O \longrightarrow H_2Al_2Si_2O_8 + 2HCO_3 + (Ca.Si)^{2+}$$

本区经常性的水源补给主要为南部、东部的基岩裂隙水，通过断裂深循环，然后沿断裂上升。地下水在深循环的过程中，浅部含有 Ca^{2+}、Mg^{2+} 为主的地下水，进入主要吸附有 Na^+ 的岩土时，水中的 Ca^{2+}、Ma^{2+} 置换岩土中所吸附的一部分 Na^+。同时深部的热力变质作用产生的脱碳酸化反应和溶于水中的 CO_2 沿断裂上升，当压力逐渐降低，CO_2 的溶解度减少，一部分 CO_2 成为游离 CO_2 从水中逸出，这便是脱酸作用。脱酸的结果使得地下水中的 Ca^{2+}、Mg^{2+} 减少水质逐渐转化为 $HCO_3\text{-}Ca·Na$ 型。由于浅层水通过断裂向深部循环，随温度升高增加了 SiO_3^-、Sr、Zn 及其他微量元素的溶解度和提高了非晶质 SiO_2 及其他元素从岩石矿物中向水中的迁移能力，同时水中 CO_2 的存在也促进了 SiO_2 向溶液的迁移，使得 SiO_2、Zn、Sr 和其他有益于人体健康的微量元素增加。

五、允许开采量计算

（一）允许开采量

1. 抽水试验概况

抽水试验自 2016 年 5 月 24 日开始，于 2016 年 5 月 29 日结束，5 月 24 日进行了试抽工作，以了解抽水设备及观测设备的运行情况，5 月 25 日正式进行抽水试验，试验设抽水孔 1 个，为大龙井 3 号井；观察孔 3 个，分别为大龙井 1 号井、2 号井

和民井。观察孔与抽水孔连通性较好,水位反应较明显,观察井水位反应较弱,民井水位基本没有影响。抽水试验按规范要求采用稳定流,三次降深反向试验法,取得的抽水试验成果见表8.28和图8.9。

表 8.28　稳定流抽水试验成果一览表

降次	S_3	S_2	S_1
降深(m)	23.82	15.18	9.09
涌水量(m^3/h)	29.54	22.44	16.14
延续时间(t)	48 小时 30 分钟	24 小时 0 分钟	15 小时 0 分钟
稳定时间(t)	33 小时 0 分钟	9 小时 0 分钟	9 小时 0 分钟

2. 抽水试验曲线类型的判定及水流方程的确定

由于受勘查经度的限制,对含水层在空间上的分布情况及水井所处的补、隔水边界条件不甚了解,所以仅以三次降深抽水资料进行涌水量计算。

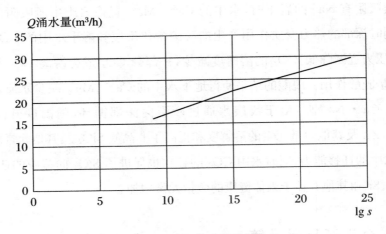

图 8.9　$Q = f(s)$关系曲线

根据抽水试验资料,判定水流曲线为对数型,涌水量方程为 $Q = a + b\lg s$,求式中待定系数 a, b:

(1)用一般方法计算待定系数。

$$a = Q_1 - b\lg s_1, \quad b = (Q_2 - Q_1)/(\lg s_2 - \lg s_1)$$

(2)利用一、二次降深抽水试验资料计算待定系数。

经过计算求得

$$a = -11.5, \quad b = 28.64$$

对应的水流曲线方程为

$$Q = -11.35 + 28.64 \lg s$$

（3）利用一、二次降深抽水试验资料计算待定系数。

经过计算求得

$$a = -20.44, \quad b = 36.30$$

对应的水流曲线方程为

$$Q = -20.44 + 36.30 \lg s$$

（4）用最小二乘法计算待定系数。

$$a = \left(\sum Q_i - b \sum \lg s_i \right) / N$$

$$b = \left(N \sum Q_i \lg s_i - \sum Q_i \sum \lg s_i \right) / N \sum (\lg s_i)^2 - \left(\sum \lg s_i \right)^2$$

式中，N 为抽水试验降深次数；Q_i 为任意一次降深的涌水量；S_i 为任意一次降深的降深值。

经计算求得

$$a = -19.44, \quad b = 35.87$$

因此求得水流方程关系为

$$Q = -19.44 + 35.87 \lg s$$

不同降深条件下，推算的允许开采量见表 8.29。

表 8.29　开采量计算表

降深(m)			10	15	20	25
涌水量 (m³/d)	方程(1)	m³/h	17.1	22.3	25.9	28.7
		m³/d	410	535	621	689
	方程(2)	m³/h	15.86	22.25	26.79	30.31
		m³/d	380.6	534.0	642.9	727.4
	方程(3)	m³/h	16.43	22.74	27.19	30.70
		m³/d	394.3	545.7	652.6	736.9

3．允许开采量的确定

抽水试验适值平水期，结合该区域水文地质条件及大气降水的影响，为保障开采量的稳定性，将开采降深控制在 20 m 为宜，所对应的涌水量一般为 600～650 m³/d。因此，该水源地允许开采量确定为 600～650 m³/d。

（二）矿泉水允许开采量保证程度评价

1. 矿泉水勘探资源分级

依据《天然矿泉水资源地质勘查规范》(GB/T 13727—2016)的规定,饮用天然矿泉水勘探资源规模见表 8.30。

表 8.30　饮用天然矿泉水勘探资源规模程度分级表

矿泉水规模	饮用天然矿泉水	
	碳酸水（m³/d）	其他类型水（m³/d）
小型	<50	<100
中型	50～500	100～1 000
大型	>500	>1 000

参照上述标准,但家庙大龙井 2 号井、3 号井为大型碳酸类矿泉水,其允许开采量为 600～650 m³/d。

2. 允许开采量保证程度

根据抽水试验恢复水位资料,实际开采量小于天然补给量,因此,允许开采量是有保证的。

六、水源地卫生防护和水资源保护

（一）矿泉水水源地卫生防护

但家庙一带生态环境保护良好,风景秀丽,周围植被丰富,自然环境理想,附近多为农田,周围环境卫生较好,水储水层均在 51.8～189.2 m 处,上覆为砂砾岩隔水层,使矿泉水得到良好的卫生防护。为了保证矿泉水不受人为因素污染,必须对但家庙 2 号井、3 号井矿泉水水源地建立严格的卫生防护区,结合本区地质、水文地质条件以及矿泉水井周围的环境等因素特划分为三个卫生防护区:

1. 一级保护区

以但家庙大龙井 2 号井、3 号井为中心,半径不少于 15 m 范围内不得兴建任何有污染的建筑与设施,矿泉水井、井台以及引水工程设施要做好封闭措施,以保证各种工业用水和大气降水不得渗入井内。保护区周围建置防护圈,设立标识,防止无关人员和禽畜进入。防护区内不得放置与取水设备无关的其他物品。

2. 二级保护区

其范围为矿泉水井周边 150 m 左右地区,禁止设置可导致矿泉水水质、水量、水温改变的饮水工程,禁止进行可能引起含水层污染的人类活动及经济-工程活动,以确保矿泉水水源地长期不受污染。

3. 三级保护区

在矿泉水井周围 300 m 范围内不得有影响矿泉水水质、水量、水温的引水和取水工程,不准在上述范围内建立有污染的化工、造纸、制糖等类工矿企业,并且限制周边化肥农药的使用。

(二) 矿泉水水资源保护

(1) 矿泉水最大开采量不得超过 650 m³/d。若要扩大开采量,应由勘查部门进行补充勘查评价,并向有关主管部门申请报批。

(2) 为确保水质、水量的长期稳定,应禁止在矿泉水的地质构造区段进行工程施工、放炮采石等。

(3) 做好矿泉水的动态观测、开采利用情况的记录和水质年检工作,建立矿泉水的技术档案,并按规定及时将观测记录和年检结果报送有关主管部门。

(4) 大龙井 2 号井、3 号井矿泉水审批后进行开采生产时,不得再作他用。

附 录

附录一 安徽省天然矿泉水点现状及资源开发利用潜力评价表

序号	统一编号	矿泉水点名称	市	县/区	矿泉水类型	井/泉	矿泉水点现状	备注	资源规模	允许开采量 (m³/d)	现状实际开采量 (m³/d)	开发利用单位	开发利用用途	潜力评价指数	潜力级别
							矿泉水点现状		矿泉水资源现状及资源开发利用潜力						
1	1	市委党校 HS2 井	合肥	蜀山区	锶偏硅酸型	井	损毁灭失	工程建设（房地产建设）损毁	小型	98	/	/	/	0.566	二级
2	2	凤阳三村 95 号 MF1 井	合肥	瑶海区	锶偏硅酸型	井	一般	现为地震前兆观测井	小型	90	/	/	/	0.566	二级

序号	统一编号	矿泉水点名称	市	县/区	矿泉水类型	井/泉	矿泉水点现状		矿泉水资源现状及开发利用潜力						
							矿泉水点现状	备注	资源规模	允许开采量（m³/d）	现状实际开采量（m³/d）	开发利用单位	开发利用用途	潜力评价指数	潜力级别
3	3	西七里塘（中阿安五公司）ZK1井	合肥	蜀山区	锶型	井	损毁灭失	工程建设（道路建设）损毁	中型	400	/	/	/	0.566	二级
4	4	蜀山森林公园深井	合肥	蜀山区	锶偏硅酸型	井	良好	正在开发利用（有采矿证）	小型	70	10	合肥蓝蓝科贸有限公司	生产饮料	0.566	二级
5	5	大蜀山HD2井	合肥	蜀山区	锶偏硅酸型	井	损毁灭失	工程建设（停车场建设）损毁	小型	60	/	/	/	0.566	二级
6	6	合肥市大铺头BH5深井	合肥	蜀山区	锶偏硅酸型	井	损毁灭失	工程建设（房地产建设）损毁	小型	60	/	/	/	0.566	二级
7	7	省机械化粮库HL1井	合肥	蜀山区	锶偏硅酸型	井	良好	可继续利用	中型	284.26	/	/	/	0.668	二级
8	8	农村经济管理干部学院ZK1井	合肥	蜀山区	锶偏硅酸型	井	损毁灭失	工程建设（校园建设）损毁	小型	95	/	/	/	0.566	二级
9	9	安徽农业大学饮用矿泉水井	合肥	蜀山区	锶偏硅酸型	井	良好	可继续利用	中型	236	/	/	/	0.668	二级
10	10	松棵头 HSG-1深井	合肥	蜀山区	锶偏硅酸型	井	损毁灭失	工程建设（房地产建设）损毁	小型	50	/	/	/	0.566	二级
11	11	卫楼 H168井	合肥	蜀山区	锶偏硅酸型	井	损毁灭失	工程建设（道路建设）损毁	小型	46	/	/	/	0.566	二级

续表

序号	统一编号	矿泉水点名称	市	县/区	矿泉水类型	井/泉	矿泉水点现状		资源规模	允许开采量(m³/d)	矿泉水资源现状及开发利用潜力				
							矿泉水点现状	备注			现状实际开采量(m³/d)	开发利用单位	开发利用用途	潜力评价指数	潜力级别
12	12	吴山庙 ZK3 井	合肥	长丰县	锶型	井	良好	可继续利用	小型	70	/	/	/	0.464	三级
13	13	岗集深井	合肥	长丰县	锶型	井	良好	正在开发利用	中型	150	8	甄长水	生活用水	0.566	二级
14	14	肥东纺织厂 ZK1 井	合肥	肥东县	锶型	井	良好	可继续利用	中型	296	/	/	/	0.566	二级
15	15	烟墩 HS01 井	合肥	肥西县	锶型	井	损毁灭失	工程建设(房地产建设)损毁	中型	147	/	/	/	0.566	二级
16	16	山南镇一号深井	合肥	肥西县	锶偏硅酸型	井	一般	严重淤堵	中型	400	/	/	/	0.668	二级
17	17	郑岗 HY1 井	合肥	肥西县	偏硅酸型	井	损毁灭失	工程建设(道路建设)损毁	小型	80	/	/	/	0.464	三级
18	18	王墩村 HM1 井	合肥	肥西县	锶偏硅酸型	井	损毁灭失	工程建设(房地产建设)损毁	中型	200	/	/	/	0.668	二级
19	19	蜀山农场 HF1 井	合肥	蜀山区	锶偏硅酸型	井	损毁灭失	工程建设(房地产建设)损毁	中型	700	/	/	/	0.668	二级
20	20	大桥镇 WS1 井	芜湖	鸠江区	锶偏硅酸游离CO_2型	井	损毁灭失	工程建设(房地产建设)损毁	大型	700	/	/	/	0.866	一级

序号	统一编号	矿泉水点名称	市	县/区	矿泉水类型	井/泉	矿泉水点现状		资源规模	允许开采量 (m³/d)	现状实际开采量 (m³/d)	开发利用单位	开发利用用途	潜力评价指数	潜力级别
							矿泉水点现状	备注							
21	21	大圣村W7井	芜湖	鸠江区	特征组分不稳定水	井	损毁灭失	工程建设（房地产建设损毁）	中型	203	/	/	/	0.467	三级
22	22	月牙饮用矿泉水井	芜湖	鸠江区	锂偏硅酸型	井	损毁灭失	工程建设（房地产建设损毁）	大型	1 200	/	/	/	0.767	一级
23	23	新月饮用矿泉水井	芜湖	鸠江区	偏硅酸型	井	损毁灭失	工程建设（铁路建设损毁）	中型	100	/	/	/	0.566	二级
24	24	小磕山锌铁矿FK1井	芜湖	繁昌区	锶偏硅酸型	井	损毁灭失	工程建设（矿山建设损毁）	中型	850	/	/	/	0.668	二级
25	25	高安GW1井	芜湖	三山区	锶锂偏硅酸型	井	损毁灭失	工程建设（矿山建设损毁）	中型	240	/	/	/	0.767	一级
26	26	马坝饮用矿泉水泉	芜湖	繁昌区	锶型	泉	一般	工程建设（道路建设损坏）	中型	330	/	/	/	0.566	二级
27	27	水文地质队323-1供水井	蚌埠	龙子湖区	锶型	井	良好	可继续利用	中型	200	/	/	/	0.566	二级
28	28	小黄山HD01井	蚌埠	禹会区	偏硅酸型	井	一般	现为地震观测井	中型	100	/	/	/	0.566	二级
29	29	淮委1号供水井	蚌埠	龙子湖区	锶偏硅酸型	井	一般	井管锈蚀严重	中型	170	/	/	/	0.668	二级

续表

序号	统一编号	矿泉水点名称	市	县/区	矿泉水类型	井/泉	矿泉水点现状	备注	资源规模	允许开采量（m³/d）	现状实际开采量（m³/d）	开发利用单位	开发利用用途	潜力评价指数	潜力级别
30	30	解放二路 BQ1 井	蚌埠	龙子湖区	锶偏硅酸型	井	损毁灭失	工程建设（房地产建设）损毁	中型	270	/	/	/	0.668	二级
31	31	蚌埠卷烟厂 BY 深水井	蚌埠	禹会区	锶偏硅酸型	井	损毁灭失	工程建设（房地产建设）损毁	小型	95	/	/	/	0.566	二级
32	32	吴湾路油厂 BY-1 井	蚌埠	禹会区	锶偏硅酸型	井	损毁灭失	工程建设（房地产建设）损毁	中型	130	/	/	/	0.668	二级
33	33-1	蚌埠酒精厂 BP1 井	蚌埠	禹会区	锶偏硅酸型	井	损毁灭失	工程建设（房地产建设）损毁	大型	1 200	/	/	/	0.767	一级
34	33-2	蚌埠酒精厂 BP2 井	蚌埠	禹会区	锶偏硅酸型	井	损毁灭失	工程建设（房地产建设）损毁		1 500	/	/	/		
35	34	黑虎山 BT1 井	蚌埠	禹会区	锶偏硅酸型	井	损毁灭失	工程建设（道路建设）损坏	小型	65	/	/	/	0.566	二级
36	35	中国人民解放军汽车管理学院 1 号井	蚌埠	禹会区	锶偏硅酸型	井	损毁灭失	工程建设（房地产建设）损毁	中型	250	/	/	/	0.668	二级
37	36	南岗房海军学校 BH1 井	蚌埠	禹会区	锶偏硅酸型	井	损毁灭失	工程建设（房地产建设）损毁	中型	460	/	/	/	0.668	二级

续表

序号	统一编号	矿泉水点名称	市	县/区	矿泉水类型	井/泉	矿泉水点现状	备注	资源规模	允许开采量(m³/d)	现状实际开采量(m³/d)	开发利用单位	开发利用用途	潜力评价指数	潜力级别
38	37	黄山果糖饮料厂饮用矿泉水井	蚌埠	凤阳县	锶偏硅酸型	井	损毁灭失	工程建设损毁	小型	45	/	/	/	0.566	二级
39	38	大庆路（市自来水公司）BS1井	蚌埠	禹会区	锶偏硅酸型	井	损毁灭失	工程建设损毁	小型	86	/	/	/	0.566	二级
40	39	蚌埠市涂山路淮林食品饮料厂HL1井	蚌埠	禹会区	锶偏硅酸型	井	损毁灭失	工程建设（房地产建设）损毁	中型	120	/	/	/	0.668	二级
41	40	荆山HZBI水井	蚌埠	怀远县	锶偏硅酸型	井	良好	可继续利用	小型	30	/	/	/	0.566	二级
42	41	圣泉啤酒厂01号供水井	蚌埠	怀远县	锶偏硅酸型	井	损毁灭失	工程建设（房地产建设）损毁	大型	2 400	/	/	/	0.767	一级
43	42	五河县啤酒厂BS09供水井	蚌埠	五河县	偏硅酸型	井	损毁灭失	工程建设（房地产建设）损毁	中型	780	/	/	/	0.566	二级
44	43	任桥镇GR3井	蚌埠	固镇县	锶溶解性总固体型	井	损毁灭失	工程建设损毁	中型	660	/	/	/	0.668	二级
45	44	石油化工机械厂KBH01井	淮南	大通区	特征组分不稳定水	井	良好	正在开发利用	中型	450	10	中矿机械厂	生产生活用水	0.467	三级

续表

序号	统一编号	矿泉水点名称	市	县/区	矿泉水类型	井/泉	矿泉水点现状	备注	资源规模	允许开采量(m³/d)	现状实际开采量(m³/d)	开发利用单位	开发利用用途	潜力评价指数	潜力级别
46	45	淮南啤酒厂HP01深井	淮南	大通区	偏硅酸型	井	损毁灭失	工程建设(厂区建设)损毁	小型	80	/	/	/	0.464	三级
47	46	黑泥洼HH1井	淮南	田家庵区	锶型	井	一般	井管锈蚀严重	中型	120	/	/	/	0.566	二级
48	47	朝阳路HD1井	淮南	田家庵区	锶型	井	损毁灭失	工程建设损毁	中型	200	/	/	/	0.566	二级
49	48	瞿家洼HZ4矿泉	淮南	谢家集区	特征组分不稳定水	井	一般	严重淤堵	大型	2 700	/	/	/	0.566	二级
50	49	玉露泉	淮南	八公山区	偏硅酸型	泉	良好	正在开发利用	中型	115	5	淮南市矿泉饮料厂	生产饮料	0.566	二级
51	50	明龙山淮Ⅲ井	淮南	潘集区	锶碘型	井	一般	已焊堵,现为矿山监测井	中型	600	/	/	/	0.566	二级
52	51	新鑫实业公司(泥河镇)PK1井	淮南	潘集区	偏硅酸型	井	一般	井管锈蚀严重	中型	1 000	/	/	/	0.668	二级
53	52	明龙山淮Ⅳ井	淮南	潘集区	偏硅酸型	井	一般	已焊堵,现为矿山监测井	中型	821.9	/	/	/	0.566	二级

续表

序号	统一编号	矿泉水点名称	市	县/区	矿泉水类型	井/泉	矿泉水点现状		资源规模	允许开采量（m³/d）	矿泉水资源现状及开发利用潜力				
							矿泉水点现状	备注			现状实际开采量（m³/d）	开发利用单位	开发利用用途	潜力评价指数	潜力级别
54	53	骑山集园艺场HN-1深井	淮南	大通区	特征组分不稳定水	井	一般	位于公墓院内	中型	360	/	/	/	0.467	三级
55	54	新庄孜煤矿中兴饮料厂Ⅲ1井	淮南	八公山区	锶型	井	损毁灭失	井下灭失	中型	120	/	/	/	0.566	二级
56	55	张集FT1井	淮南	凤台县	偏硅酸型	井	一般	井管锈蚀严重	中型	1 000	/	/	/	0.566	二级
57	56	马鞍山东麓ZK1井	马鞍山	慈湖区	偏硅酸型	井	损毁灭失	工程建设损毁	小型	50	/	/	/	0.464	三级
58	57	霍里井	马鞍山	花山区	锶型	井	良好	可继续利用	小型	60	/	/	/	0.464	三级
59	58	太白矿泉水（1号井）	马鞍山	当涂县	偏硅酸型	井	损毁灭失	工程建设（矿山建设）损毁	中型	400	/	/	/	0.566	二级
60	59	张庄煤矿HZ1井	淮北	杜集区	锶型	井	损毁灭失	工程建设（矿山建设）损毁	中型	1 000	/	/	/	0.566	二级
61	60	朱庄矿1号井	淮北	杜集区	锶型	井	损毁灭失	工程建设（矿山建设）损毁	中型	720	/	/	/	0.566	二级

续表

序号	统一编号	矿泉水点名称	市	县/区	矿泉水类型	井/泉	矿泉水点现状	备注	资源规模	允许开采量(m³/d)	现状实际开采量(m³/d)	开发利用单位	开发利用用途	潜力评价指数	潜力级别
62	61	天井	铜陵	铜陵县	锶偏硅酸型	泉	良好	可继续利用	小型	10	/	/	/	0.566	二级
63	62	白杨坡SK18井	铜陵	铜陵县	偏硅酸型	井	损毁灭失	工程建设损毁	中型	198	/	/	/	0.566	二级
64	63	集贤路ZK2井	安庆	大观区	锶型	井	良好	可继续利用	中型	150	/	/	/	0.566	二级
65	64	肖坑排灌站ZK1井	安庆	宜秀区	锶偏硅酸型	井	损毁灭失	工程建设(房地产建设)损毁	中型	108	/	/	/	0.668	二级
66	65	学田村天然矿泉水泉	安庆	怀宁县	偏硅酸型	泉	损毁灭失	矿山疏干排水致断流	小型	48.26	/	/	/	0.464	三级
67	66	父岭天然矿泉水泉	安庆	潜山市	偏硅酸型	泉	一般	流量小	小型	52	/	/	/	0.464	三级
68	67	司空井天然矿泉水泉	安庆	岳西县	偏硅酸型	泉	良好	可继续利用	小型	55.73	/	/	/	0.464	三级
69	68	凸轮制厂TTK1深井	安庆	桐城市	锶型	井	一般	严重淤堵	中型	248.5	/	/	/	0.566	二级
70	69	肖黄山喷玉泉	黄山	黄山区	偏硅酸型	泉	良好	正在开发利用(有采矿证)	中型	120	40	黄山喷玉泉矿泉水有限公司	生产饮料	0.5	二级

续表

序号	统一编号	矿泉水点名称	市	县/区	矿泉水类型	井/泉	矿泉水点现状		资源规模	允许开采量 (m³/d)	现状实际开采量 (m³/d)	开发利用单位	开发利用用途	潜力评价指数	潜力级别
							矿泉水点现状	备注							
71	70	百鸟亭泉	黄山	屯溪区	特征组分不稳定水	泉	损毁灭失	工程建设（房地产建设）损毁	中型	442.51	/	/	/	0.467	三级
72	71	龙王井	黄山	黄山区	偏硅酸型	井	良好	正在开发利用（有采矿证）	中型	410.96	400	黄山润生绿食品饮品有限公司	生产饮料	0.432	三级
73	72	芙蓉泉	黄山	黄山区	偏硅酸型	泉	损毁灭失	/	小型	90	/	/	/	0.464	三级
74	73	蜀源 QS1 井	黄山	徽州区	偏硅酸型	井	良好	正在开发利用（有采矿证）	小型	68	60	黄山市锦飞食品饮料公司	生产饮料	0.33	三级
75	74	慈坑 ZK9 井	黄山	歙县	偏硅酸型	井	良好	正在开发利用（有采矿证）	小型	90	82	黄山顶谷有机食品有限公司	生产饮料	0.33	三级
76	75	罗汉泉	黄山	休宁县	特征组分不稳定水	泉	良好	可继续利用	小型	31.8	/	/	/	0.365	三级

续表

序号	统一编号	矿泉水点名称	市	县/区	矿泉水类型	井/泉	矿泉水点现状		资源规模	允许开采量（m³/d）	现状实际开采量（m³/d）	开发利用单位	开发利用用途	潜力评价指数	潜力级别
							矿泉水点现状	备注							
77	76-1	蜀里矿泉水ZK01井	黄山	黟县	偏硅酸型	井	良好	正在开发利用（有采矿证）	大型	200	150	康师傅（安徽）黄山饮品有限公司	生产饮料	0.733	一级
78	76-2	蜀里矿泉水ZK02井	黄山	黟县	偏硅酸型	井	良好	正在开发利用（有采矿证）		200	150	康师傅（安徽）黄山饮品有限公司	生产饮料		
79	76-3	蜀里矿泉水ZK03井	黄山	黟县	偏硅酸型	井	良好	可继续利用（有采矿证）		300	/	/	/		
80	76-4	蜀里矿泉水ZK04井	黄山	黟县	偏硅酸型	井	良好	可继续利用（有采矿证）		300	/	/	/		
81	76-5	蜀里矿泉水ZK05井	黄山	黟县	偏硅酸型	井	良好	可继续利用（有采矿证）		200	/	/	/		
82	77	弥陀井	黄山	祁门县	锶型	井	良好	可继续利用	小型	57.02	/	/	/	0.464	三级
83	78	幽栖泉	滁州	南谯区	特征组分不稳定水	泉	良好	可继续利用	小型	50	/	/	/	0.365	三级
84	79	丰乐泉	滁州	琅琊区	特征组分分不稳定水	泉	一般	流量小	中型	110	/	/	/	0.467	三级

序号	统一编号	矿泉水点名称	市	县/区	矿泉水类型	井/泉	矿泉水点现状	备注	资源规模	允许开采量 (m^3/d)	现状实际开采量 (m^3/d)	开发利用单位	开发利用用途	潜力评价指数	潜力级别
85	80	宝林泉	滁州	来安县	偏硅酸型	泉	良好	正在开发利用	小型	90	16	宝山林场	生活用水	0.464	三级
86	81	邵集自来水厂 SK01 号井	滁州	来安县	锶偏硅酸型	井	良好	正在开发利用	大型	1 100	750	邵集自来水厂	生活用水	0.633	二级
87	82	泉坞山 DH2 井	滁州	定远县	特征组分不稳定水	井	良好	可继续利用	大型	1 100	/	/	/	0.566	二级
88	83	DYJ-1 井	滁州	定远县	锶硅酸型	井	一般	井现在条件较差	中型	173.66	/	/	/	0.668	二级
89	84	詹家糟坊 B3 泉	滁州	凤阳县	锶偏硅酸型	泉	良好	正在开发利用	中型	600	24	凤阳县思源饮品有限公司	生产饮料	0.668	二级
90	85	供销社水泥构件厂 1 井饮用水天然矿泉水	滁州	凤阳县	偏硅酸型	井	良好	正在开发利用	中型	118	35	安徽省凤阳龙脉水饮料有限公司	生产饮料	0.566	二级
91	86	凤阳县园艺场	滁州	凤阳县	偏硅酸型	井	一般	井管锈蚀严重	中型	200	/	/	/	0.566	二级

续表

序号	统一编号	矿泉水点名称	市	县/区	矿泉水类型	井/泉	矿泉水点现状		资源规模	允许开采量 (m³/d)	现状实际开采量 (m³/d)	开发利用单位	开发利用用途	潜力评价指数	潜力级别
							矿泉水点现状	备注							
92	87	千秋路36号（自来水公司）TS1号井	滁州	天长市	锶偏硅酸型	井	良好	城市应急供水井	大型	1 968	/	/	/	0.767	一级
93	88	天岛啤酒厂天岛1号井	滁州	天长市	锶偏硅酸游离CO₂型	井	损毁灭失	工程建设（房地产建设）损毁	大型	1 200	/	/	/	0.866	一级
94	89	泉水庄	滁州	天长市	锶偏硅酸型	井	损毁灭失	人为损毁	中型	250	/	/	/	0.668	二级
95	90	明光酒厂KSM01井	滁州	明光市	偏硅酸型	井	良好	正在开发利用	中型	600	55	明光酒厂	酿酒	0.566	二级
96	91	明龙井	滁州	明光市	锶偏硅酸型	井	损毁灭失	工程建设（房地产建设）损毁	中型	180	/	/	/	0.668	二级
97	92-1	莲花路FP2井	阜阳	颍州区	特征组分不稳定水	井	良好	正在开发利用	大型	1 600	600	华润雪花啤酒有限公司	酿酒	0.566	二级
98	92-2	莲花路FPJ3井	阜阳	颍州区	特征组分不稳定水	井	良好	可继续利用		1 500	/	/	/		

续表

序号	统一编号	矿泉水点名称	市	县/区	矿泉水类型	井/泉	矿泉水点现状		资源规模	允许开采量 (m³/d)	现状实际开采量 (m³/d)	开发利用单位	开发利用用途	潜力评价指数	潜力级别
							矿泉水点现状	备注							
99	93	(市第一油厂)WM03井	阜阳	颍州区	特征组分不稳定水	井	一般	井管锈蚀严重	中型	500	/	/	/	0.467	三级
100	94	苏集乡QS04井	阜阳	颍泉区	锶型	井	良好	可继续利用	中型	200	/	/	/	0.566	二级
101	95	温泉度假村TD2井	阜阳	太和县	锶碘溶解性总体固体型	井	良好	可继续利用	中型	600	/	/	/	0.767	一级
102	96	太和药用薄荷总厂(1号井)	阜阳	太和县	碘型	井	一般	井管锈蚀严重	中型	450	/	/	/	0.767	一级
103	97-1	太和县自来水公司S3井	阜阳	太和县	碘型	井	良好	正在开发利用	大型	900	500	太和县自来水厂	生活用水	0.800	一级
104	97-2	太和县自来水公司S5井	阜阳	太和县	碘型	井	良好	正在开发利用		900	500	太和县自来水厂	生活用水		
105	98	焦陂酒厂JR02井	阜阳	阜南县	偏硅酸型	井	一般	可继续利用	中型	800	/	/	/	0.566	二级
106	99	田集WD02井	阜阳	阜南县	偏硅酸型	井	良好	正在开发利用	大型	1 400	6	安徽七星天然饮品有限公司	生产饮料	0.665	二级

续表

序号	统一编号	矿泉水点名称	市	县/区	矿泉水类型	井/泉	矿泉水点现状		资源规模	允许开采量 (m³/d)	现状实际开采量 (m³/d)	开发利用单位	开发利用用途	潜力评价指数	潜力级别
							矿泉水点现状	备注							
107	100	自来水厂YS04井	阜阳	颍上县	偏硅酸型	井	良好	可继续利用	大型	1 500	/	/	/	0.665	二级
108	101	城乡建设委员会SS01井	阜阳	界首市	碘型	井	良好	正在开发利用	大型	1 300	700	界首市自来水厂	生活用水	0.800	一级
109	102	安徽特酒总厂WTO5井	宿州	埇桥区	锶型	井	损毁灭失	工程建设损毁	中型	790	/	/	/	0.566	二级
110	103	矿建路SW-1井	宿州	埇桥区	锶偏硅酸型	井	损毁灭失	工程建设(房地产建设损毁)	中型	300	/	/	/	0.668	二级
111	104	姬庄BG1井	宿州	萧县	锶偏硅酸型	井	良好	正在开发利用	大型	1 450	400	姬长寿	生活用水、饮料	0.767	一级
112	105	梅村深井	宿州	萧县	锶型	井	一般	井管锈蚀严重	中型	200	/	/	/	0.566	二级
113	106	温泉疗养院H4深井	合肥	巢湖市	锶型	井	良好	正在开发利用	中型	300	10	安徽省干部疗养院	生活用水	0.566	二级
114	107	地质疗养院供水井	合肥	巢湖市	锶型	井	良好	正在开发利用	大型	1 125	18	安徽省地质疗养院	生活用水	0.665	二级
115	108	龙塘LS1井	合肥	庐江县	锶偏硅酸型	井	损毁灭失	人为损毁	中型	180	/	/	/	0.668	二级

续表

序号	统一编号	矿泉水点名称	市	县/区	矿泉水类型	井/泉	矿泉水点现状		资源规模	允许开采量 (m³/d)	现状实际开采量 (m³/d)	开发利用单位	开发利用用途	潜力评价指数	潜力级别
							矿泉水点现状	备注							
116	109	泊山洞Sb1	芜湖市	无为市	锶型	泉	良好	可继续利用	中型	200	/	/	/	0.566	二级
117	110	清溪1号泉	马鞍山	含山县	锶型	泉	良好	可继续利用	大型	3 000	/	/	/	0.665	二级
118	111	老山双泉1号	马鞍山	和县	锶型	泉	良好	正在开发利用	小型	70	50	和县老庵山饮品有限公司	生产饮料	0.33	三级
119	112	三仙泉	六安	裕安区	锶偏硅酸型	泉	良好	可继续利用	小型	26	/	/	/	0.566	二级
120	113	东河口镇DH井	六安	金安区	偏硅酸型	井	良好	正在开发利用（有采矿证）	中型	240	20	天地精华矿泉水公司	生产饮料	0.566	二级
121	114	堰口镇SJ1井	淮南	寿县	偏硅酸型	井	损毁灭失	工程建设损毁	中型	200	/	/	/	0.566	二级
122	115	临水镇HL1井	六安	霍邱县	锶偏硅酸型	井	良好	正在开发利用	中型	650	120	霍邱县临水酒厂	酿酒	0.668	二级
123	116	八卦泉	六安	霍邱县	锶偏硅酸型	泉	良好	正在开发利用（有采矿证）	中型	100	1	安徽庆发集团八卦矿泉饮品有限公司	生产饮料	0.668	二级

续表

序号	统一编号	矿泉水点名称	市	县/区	矿泉水类型	井/泉	矿泉水点现状	备注	资源规模	允许开采量（m³/d）	现状实际开采量（m³/d）	开发利用单位	开发利用用途	潜力评价指数	潜力级别
124	117	梅山镇恒大集团 JS1 井	六安	金寨县	偏硅酸型	井	良好	正在开发利用	小型	70	55	水百金饮料有限公司	生产饮料	0.33	三级
125	118	白大乡鸳鸯湾 JG1 井	六安	金寨县	锶型	井	良好	可继续利用	小型	60	/	/	/	0.464	三级
126	119	西镇天然矿泉水泉	六安	霍山县	特征组分不稳定水	泉	损毁灭失	人为损毁	小型	10.5	/	/	/	0.365	三级
127	120	上土市镇矿泉水井	六安	霍山县	偏硅酸型	井	一般	水质不达标	小型	69.98	/	/	/	0.464	三级
128	121	霍山县保健饮品厂 S1 泉	六安	霍山县	偏硅酸型	泉	良好	可继续利用	小型	51	/	/	/	0.464	三级
129	122-1	古井酒厂 26-1 井	亳州	谯城区	锶碘溶解性总固体型	井	损毁灭失	工程建设（厂区建设）损毁		951.88	/	/	/		
130	122-2	古井酒厂 26-2 井	亳州	谯城区	锶碘溶解解析性固体型	井	损毁灭失	工程建设（厂区建设）损毁	大型	602.58	/	/	/	0.866	一级
131	122-3	古井酒厂 26-3 井	亳州	谯城区	锶碘溶解性总固体型	井	损毁灭失	工程建设（厂区建设）损毁		1 623.56	/	/	/		

序号	统一编号	矿泉水点名称	市	县/区	矿泉水类型	井/泉	矿泉水点现状		资源规模	允许开采量 (m³/d)	现状实际开采量 (m³/d)	开发利用单位	开发利用用途	潜力评价指数	潜力级别
							矿泉水点现状	备注							
132	123	古井镇 GM1 井	亳州	谯城区	锶碘溶解性总体固体型	井	损毁灭失	工程建设损毁	中型	650	/	/	/	0.767	一级
133	124	涡水 8 井	亳州	涡阳县	锶碘型	井	损毁灭失	工程建设损毁	中型	480	/	/	/	0.668	二级
134	125	高炉酒厂 11 号井	亳州	涡阳县	锶碘溶解性总体固体型	井	损毁灭失	工程建设(厂区建设)损毁	中型	720	/	/	/	0.767	一级
135	126	永乐圣泉	亳州	蒙城县	锶型	井	良好	正在开发利用(有采矿证)	中型	700	5	蒙城伍子牛饮品有限公司	生产饮料	0.566	二级
136	127	蒙涡路 MY-1 井	亳州	蒙城县	锶型	井	损毁灭失	工程建设损毁	中型	150	/	/	/	0.566	二级
137	128	阚疃镇 KT2 井	亳州	利辛县	碘型	井	一般	井管锈蚀严重	中型	450	/	/	/	0.767	一级
138	129	香口(1号矿泉)	池州	东至县	锶偏硅酸型	泉	良好	正在开发利用	小型	17	7	大众温泉洗浴中心	温泉洗浴	0.5	二级

续表

序号	统一编号	矿泉水点名称	市	县/区	矿泉水类型	井/泉	矿泉水点现状		资源规模	允许开采量(m³/d)	现状实际开采量(m³/d)	开发利用单位	开发利用用途	潜力评价指数	潜力级别
							矿泉水点现状	备注							
139	130	九华山风景区望佛亭矿泉水	池州	青阳县	偏硅酸型	泉	一般	流量小	小型	30	/	/	/	0.464	三级
140	131	九华山天然矿泉水泉	池州	青阳县	特征组分不稳定水	泉	良好	正在开发利用	中型	200	5	大华银杏矿泉水有限公司	生产饮料	0.467	三级
141	132	雪峰山泉	宣城	宣州区	锶型	泉	一般	流量小	小型	82	/	/	/	0.464	三级
142	133	白茅岭农场天然矿泉水井	宣城	郎溪县	偏硅酸型	井	良好	正在开发利用	中型	130	27.39	宣城市白茅岭饮品有限公司	生产饮料	0.566	二级
143	134	长寿泉	宣城	旌德县	偏硅酸型	泉	良好	正在开发利用(有采矿证)	中型	100	10	安徽旌德黄山泉水厂	生产饮料	0.566	二级
144	135	竹峰乡PL1井	宣城	宁国市	锶型	井	损毁灭失	人为损毁	中型	240	/	/	/	0.566	二级
145	136	小岭塘天然矿泉水泉	宣城	宁国市	锶型	泉	良好	可继续利用	中型	150	/	/	/	0.566	二级
146	137	北大街TS2井	阜阳	太和县	碘型	井	损毁灭失	工程建设损毁	中型	705	/	/	/	0.767	一级

续表

序号	统一编号	矿泉水点名称	市	县/区	矿泉水类型	矿泉水点现状		备注	资源规模	允许开采量 (m³/d)	现状实际开采量 (m³/d)	开发利用单位	开发利用用途	潜力评价指数	潜力级别
						井/泉	矿泉水点现状								
											矿泉水资源现状及开发利用潜力				
147	138	丰乐亭1号井	滁州	琅琊区	锶锌型	井	损毁灭失	工程建设损毁	小型	50	/	/	/	0.566	二级
148	139	柳抱泉	六安	舒城县	偏硅酸型	泉	良好	正在开发利用	中型	100	36	泉堰村	生活用水	0.5	二级
149	140-1	佃家庙2号井	六安	霍山县	偏硅酸型	井	良好	可继续利用	中型	650	/	/	/	0.668	二级
150	140-2	佃家庙3号井	六安	霍山县	偏硅酸锌型	井	良好	可继续利用			/	/	/		

附录二 安徽省饮用天然矿泉水资源管理办法

（1997年5月13日安徽省人民政府令第86号发布，2004年8月10日安徽省人民政府令第175号修改）

第一章 总 则

第一条 为加强饮用天然矿泉水资源的勘查、开发利用和保护工作，根据《中华人民共和国矿产资源法》等有关法律、法规，结合本省实际，制定本办法。

第二条 在本省行政区域内进行饮用天然矿泉水资源（以下简称矿泉水资源）勘查、开采，必须遵守有关法律、法规和本办法。

第三条 省地质矿产主管部门负责本省行政区域内矿泉水资源勘查、开采和保护的监督管理工作。县级以上地质矿产主管部门负责本行政区域内矿泉水资源开采和保护的监督管理工作。

第四条 各级水、卫生、技术监督等行政主管部门应当依照职责，协助同级地质矿产主管部门做好矿泉水资源开采和保护的监督管理工作。

第二章 矿泉水资源的勘查

第五条 开采矿泉水资源，必须由勘查单位按照国家标准和有关勘查规范依法进行地质勘查。

第六条 勘查矿泉水资源，必须具有地质勘查资格，并依法向省地质矿产主管部门申请办理勘查登记，领取勘查许可证。变更勘查内容的，必须经原登记部门批准并办理变更登记手续，换领勘查许可证后，方可继续进行勘查。

勘查单位因故要求撤销勘查或者已经完成勘查任务的，应当向原登记部门报告撤销原因或者填报项目完成报告，办理注销登记手续。

第七条 勘查单位对矿泉水资源水样的采集、保存、送检及测试，应当按照国家饮用天然矿泉水检验方法进行。对矿泉水水质界限指标的检测必须由 2 个以上国家级计量认证合格测试单位、其他指标的检测必须由 2 个以上省级以上计量认证合格测试单位按国家标准进行。

第八条　勘查单位完成矿泉水资源勘查任务后,必须按照国家规定编写勘查评价报告。

第三章　矿泉水资源的开采

第九条　开采矿泉水资源,必须具备法律、法规规定的条件,依法申请采矿登记,办理采矿许可证。

第十条　开采矿泉水资源,应当按照国家《饮用天然矿泉水标准》设立卫生防护区,并在防护区界设置固定的保护标志。

第十一条　矿泉水资源开采单位必须按规定进行矿泉水的水质、水量、水温、水位变化动态监测,每 3 个月将监测结果送所在地地质矿产主管部门,由所在地地质矿产主管部门汇总后报省地质矿产主管部门。

设区的市地质矿产主管部门应及时对监测结果进行审查复核,发现矿泉水资源水质改变,不符合国家《饮用天然矿泉水标准》的,应报请原发证机关注销采矿许可证。

第十二条　开采矿泉水资源必须严格按批准的开采点和开采量进行。

需扩大开采量或者变更开采点的,应当提供相应的水位、水量、水质监测结果,补充矿泉水资源勘查评价报告,依法办理采矿登记变更手续,换领采矿许可证。

第十三条　矿泉水资源开采期间,引起地质环境改变的,开采单位应当及时查明原因,采取措施,并报告省地质矿产主管部门。

第四章　罚　　则

第十四条　违反本办法,有下列情形之一的,由县级以上地质矿产主管部门按照国务院地质矿产主管部门规定的权限予以处罚:

(一)未办理勘查许可证擅自进行勘查的,责令停止勘查,可视情节轻重分别给予警告或者处以 30 000 元以下的罚款。

（二）未办理采矿许可证,擅自开采矿泉水资源的,责令停止开采,没收采出的矿产品和违法所得,并处以违法所得 30% 以下的罚款。

（三）未按规定进行矿泉水资源动态监测和水质检验或未按期报送监测检验结果的,责令限期改正和补办,逾期未办或伪造检测检验结果的,处以 1 000 元以上、10 000 元以下的罚款。

（四）未按规定在矿泉水水源地设置卫生防护区或者未在防护区界设置固定保护标志的,责令限期改正;逾期未改正的,处以 1 000 元以上、10 000 元以下的罚款。

（五）因开采矿泉水资源引起地面沉降等地质灾害的,责令采取治理措施,限制开采量;未采取治理措施或未按规定限量开采的,可处以 10 000 元以上、30 000 元以下的罚款。

（六）未经批准超量开采或变更开采点的,责令退回原矿区范围内开采,没收超量或越界开采的矿产品和违法所得,并处以违法所得 30% 以下的罚款;拒不按批准的开采量开采或拒不退回原矿区开采,破坏矿泉水资源的,吊销其采矿许可证。

第十五条　地质矿产主管部门及其工作人员在矿泉水资源勘查、开采和保护的监督管理工作中,徇私舞弊、滥用职权、玩忽职守的,由所在单位或上级主管部门给予主要负责人和直接责任人行政处分。

第十六条　当事人对行政处罚决定不服的,可依法申请复议或提起诉讼。当事人逾期不申请复议,也不起诉,又不履行行政处罚决定的,作出行政处罚决定的机关可申请人民法院强制执行。

第五章　附　则

第十七条　本办法所称矿泉水资源,是指在特定地质条件下形成的,含有一定量的矿物盐、微量元素或二氧化碳气体,并适宜饮用的一种液态矿产资源。

第十八条　本办法具体应用中的问题由省地质矿产主管部门负责解释。

第十九条　本办法自发布之日起施行。

附录三　《天然矿泉水资源地质勘查规范》
（GB/T 13727—2016）

1　范围

本标准规定了天然矿泉水资源的水源地地质勘查技术要求、水质测试与评价、允许开采量计算与评价、水源地保护与动态监测、勘查报告编写的基本要求。

本标准适用于目前经济技术条件下可开发利用的饮用天然矿泉水资源和理疗天然矿泉水资源地质勘查、开发利用、水源地保护与动态监测。

2　规范性引用文件

下列文件对于本文件的应用是必不可少的。凡是注日期的引用文件,仅注日期的版本适用于本文件;凡是不注日期的引用文件,其最新版本(包括所有的修改单)适用于本文件。

GB 5749—2006　生活饮用水卫生标准

GB 8537—2008　饮用天然矿泉水

GB 8538—2022　饮用天然矿泉水检验方法

GB 50027—2001　供水水文地质勘查规范

GB/T 11615—2010　地热资源地质勘查规范

3　术语和定义

下列术语和定义适用于本文件。

3.1　天然矿泉水资源（natural mineral water resources）

在天然条件下赋存于地层中，在地质作用下自然形成的，以地下水中含有一定量的矿物质为特征的，且矿物质含量、温度和水位等物理化学特征在天然周期波动范围内相对稳定的矿产资源。根据其物理化学特性和对人体的理疗作用，划分为饮用天然矿泉水资源和理疗天然矿泉水资源。

3.2　饮用天然矿泉水资源（drinking natural mineral water resources）

从地下天然涌出或经钻孔采集，含有一定量矿物盐类、微量元素或二氧化碳气体的适合饮用的天然矿泉水，其水温、水量和水中所含化学成分相对稳定且对人体有益。

3.3　理疗天然矿泉水资源（resources of natural mineral water with therapeutic benefits）

从地下天然涌出或经钻孔采集，含有一定量矿物盐类、微量元素或特殊气体成分或水温大于36℃的适合人体水疗、保健、养生的天然矿泉水。水中所含化学成分对人体有益。

4　总则

4.1　天然矿泉水资源地质勘查的目的，是为资源认定、科学规划、合理开发利用天然矿泉水资源提供依据，以减少资源开发中的风险，取得最大的经济、社会和环境效益。

4.2　天然矿泉水水源地勘查是对潜在矿泉水资源或已经开采的矿泉水水源地进行综合地质勘查工作，主要任务是查明天然矿泉水资源的赋存条件和分布规律，圈定可供开发利用的地区和水源地，确定合理开发利用量，并对其开采技术经济条件和资源、环境保护做出评价，提出合理开发利用方案建议。

4.3　对已经开采的矿泉水水源地，应重点开展水位（水量）、水温、水质的系统监测与综合分析研究，准确划定矿泉水水源地保护区，核算矿泉水开采量，为矿泉水开发管理或扩大开采提供依据。

5　勘查内容与要求

5.1　一般规定

5.1.1　天然矿泉水水源地勘查应查明矿泉水形成的地质、水文地质条件,确定矿泉水生产井位置及保护区边界。

5.1.2　矿泉水水源地开发,应按下列要求进行勘查评价工作:

(1)对水文地质条件简单、开发利用量小于允许开采量的单井(泉)的天然矿泉水水源地勘查工作,可依据矿泉水水源地建设需要和已有资料满足程度,适当减少水文地质调查和钻探工作量,直接利用已有的地质、水文地质资料,重点开展水文地质试验、水样采集和检测、动态监测和确定水源地保护区等工作。

(2)对其他类型的矿泉水勘查工作,应遵循地质勘查工作程序按阶段进行。

5.2　地质-水文地质调查

5.2.1　区域地质调查(比例尺 1:100 000～1:50 000)

调查范围包括天然矿泉水水源周边及相关地区。

5.2.2　水源地综合地质-水文地质调查(比例尺 1:25 000～1:5 000)

调查范围为天然矿泉水水源补给、径流和开采区。

5.2.3　调查内容

水源地调查内容包括下列 6 个方面:

(1)地层时代岩性特征、地质构造、岩浆(火山)活动及其矿泉水水源地的地质环境。

(2)天然矿泉水水源的贮存条件、含水层特征和富水性、分布范围、埋藏深度。

(3)天然矿泉水水源水质的物理-化学特征和微生物指标。

(4)天然矿泉水水源水质、水量(水位)、水温、泉流量、开采量等动态特征。

(5)天然矿泉水水源周围的环境条件及污染防护状况。

(6)天然矿泉水水源的水温大于 36 ℃时,应按 GB/T 11615—2010 中 5.1.1 的规定执行。

5.3　水文地质钻探与试验

5.3.1　原有钻孔的使用和新钻孔的布置

天然矿泉水水源地原有钻孔柱状图、抽水试验综合成果表、水质化验等钻孔地质资料齐全,水文地质条件清楚且可以满足开采水量要求时,可作为生产井使用,不需要布置新的钻探工程,但应对原有钻孔进行抽水试验。原有钻孔不能满足开采要求的,应进行水文地质钻探和抽水试验工作。

5.3.2 水文地质钻探

5.3.2.1 天然矿泉水勘查钻孔施工尽量实行"探采结合"原则,对将来作为生产井使用的勘探钻孔应按成井技术要求实施。对将来作为生产井使用的勘探钻孔应按成井技术要求实施。钻孔口径以能安装取水设备为原则。

5.3.2.2 钻井深度的确定,应以天然矿泉水含水层(带)性质和空间分布为依据,层状孔隙含水层以钻穿含水层建立完整井为宜;基岩裂隙含水系统成井应穿过矿泉水含水带主要赋水段。

5.3.2.3 对非天然矿泉水开采层位应严格止水,不得采用化学物质封孔止水。

5.3.2.4 钻探施工中应详细进行钻孔地质编录,对基岩裂隙含水介质应特别注意对岩层裂隙和溶蚀孔洞发育程度的观测和记录。

5.3.2.5 钻进过程中应详细记录钻孔的涌水、漏水、漏浆、逸气、钻探进尺速率变化等现象的深度、层位、数量和强度。

5.3.3 钻孔抽水试验

5.3.3.1 所有矿泉水勘探孔都应进行水文地质单孔抽水试验。

5.3.3.2 水文地质条件较复杂或者多井开采矿泉水的矿泉水水源地,应进行群孔和干扰抽水试验。

5.3.3.3 抽水试验前,应安排好排水工作,防止抽出的水回渗到抽水层。

5.3.3.4 抽水试验层(段)以赋存矿泉水的层(段)为抽水试验的层(段),如有多层(段),立进行分层(段)抽水试验。

5.3.3.5 抽水试验孔应先洗井至水清砂净,含砂量小于1/2 000。

5.3.3.6 抽水试验前应观测记录静止水位。

5.3.3.7 抽水试验的延续时间,在定流量抽水时,每小时水位波动在10 mm时视为稳定。当抽水水位和水量易稳定时,稳定延续时间不少于12 h;当水位和水量不易稳定时,稳定延续时间不少于24 h;群孔抽水试验,应结合开采方案进行,抽水稳定延续时间不少于48 h。

5.3.3.8　抽水试验过程中,应在水位或出水量稳定后采取水样,分析项目应按 6.1 执行。

6　水质测试与评价

6.1　水质测试

6.1.1　水样

6.1.1.1　在丰水期、平水期和枯水期应分别采集水样,采样间隔为 4 个月左右。

6.1.1.2　饮用天然矿泉水水质检验项目应按 GB 8537—2022 中 4.2 的规定执行。

6.1.1.3　理疗天然矿泉水水质检验项目应按表 1 执行。

6.1.1.4　样品采集和保存应按 GB 8538—2022 的规定执行。

6.1.1.5　检验方法应按 GB 8538—2022 的规定执行。

6.1.2　气样

6.1.2.1　凡天然矿泉水水源有逸出气体的钻孔、泉均应采集气体样品,分别测定水中溶解气体和逸出气体的组成及其含量。

6.1.2.2　分析项目包括 CO_2、H_2S、CO、N_2、CH_4 及 ^{222}Rn,其中 CO_2、H_2S 应在天然矿泉水水源现场分析测试。

6.1.2.3　矿泉水水质全分析测试报告,应有中国计量认证的两个以上测试单位的对应分析或外检数据。

6.1.2.4　样品采集和保存应按 GB 8538.2—2022 执行。

6.2　水质评价

6.2.1　依据丰水期、平水期和枯水期的水质分析结果进行评价。

6.2.2　饮用天然矿泉水应按 GB 8537—2022 中 5.2 的规定,对感官要求、界限指标、限量指标、污染物指标和微生物要求等各项指标进行评价。

6.2.3　理疗天然矿泉水应按表 1 所规定的各项指标进行评价。指标有一项符合表 1 规定即可认定为理疗矿泉水。

表 1　理疗天然矿泉水水质指标

项目	指标	水的命名
溶解性总固体	>1 000 mg/L	矿（泉）水
二氧化碳（CO_2）	>500 mg/L	碳酸水
总硫化氢（H_2S、HS^-）	>2 mg/L	硫化氢水
偏硅酸（H_2SiO_3）	>50 mg/L	硅酸水
偏硼酸（HBO_2）	>35 mg/L	硼酸水
溴（Br^-）	>25 mg/L	溴水
碘（I^-）	>5 mg/L	碘水
总铁（$Fe^{2+}+Fe^{3+}$）	>10 mg/L	铁水
砷（As）	>0.7 mg/L	砷水
氡（^{222}Rn）（Bq/L）	>110 mg/L	氡水
水温	>36 ℃	温矿（泉）水

6.2.4　天然矿泉水水质命名：饮用天然矿泉水化学成分达到 GB 8537—2008 规定界限指标者可参与成分命名。理疗天然矿泉水化学成分达到表 1 所规定的含量者可参与命名。

6.2.5　矿泉水中的阴、阳离子大于 25%（摩尔分数）以上者可参加水化学类型命名。

6.2.6　经丰水期、平水期和枯水期的水质检验，其主要组分（溶解性总固体、K^+、Na^+、Ca^{2+}、Mg^{2+}、HCO_3^-、SO_4^{2-}、Cl^-）的变化范围不应超过 20%。

6.2.7　天然矿泉水水源的水质动态变化（包括水源勘查阶段和已开采水源的年度检查），主要常量成分和界限指标含量基本稳定，水化学类型不得改变。

6.2.8　饮用天然矿泉水水源兼作生活饮用水水源，应按 GB 5749—2022 的规定执行。

6.2.9　理疗天然矿泉水水源兼作饮用天然矿泉水水源，应按 GB 8537—2018 的规定执行。

7　允许开采量计算与评价

7.1　允许开采量计算

7.1.1　对于自然涌出的天然矿泉水水源,可依据泉水动态连续监测资料,按泉水流量衰减方程或以天然矿泉多年枯水期最小流量 80% 推算允许开采量。

7.1.2　对于单井开采的天然矿泉水水源,可利用抽水试验资料,计算允许开采量。

7.1.3　对于群井开采的天然矿泉水水源,可根据水源地水文地质边界条件和群孔抽水试验资料,确定水文地质模型和计算模型,用解析法或数值法确定允许开采量。解析法适用条件参见附录 A,数值法计算允许开采量按 GB 50027—2001 进行。

7.1.4　以枯水期的水量作为水源的允许开采量,每日允许开采量应大于50 t。

7.2　允许开采量评价

7.2.1　对计算依据的原始数据、计算方法、计算选用的参数,以及计算结果的合理性、可靠性等作出评定。

7.2.2　根据天然矿泉水资源条件确定水质稳定条件下的允许开采量,预测天然矿泉水水源地开采动态趋势。

7.2.3　允许开采量应充分考虑矿泉水源开采影响范围内的其他开采井的影响。

8　水源地保护与动态监测

8.1　保护区的划分

8.1.1　阐明矿泉水水源地及周边的环境状况,分析可能影响水质、水量的因素,进行天然矿泉水水源地地质环境评价。

8.1.2　根据天然矿泉水水源地地质环境状况,对开采天然矿泉水水源可能产生的地质环境变化进行评估。

8.1.3 天然矿泉水水源地保护区的划定,应结合天然矿泉水水源地的地质-水文地质条件,特别是含水层的天然防护能力、覆盖层下渗情况、补给区的环境保护情况,以及当地的环境状况,制定天然矿泉水水源地开采保护方案,科学划定区界范围。天然矿泉水水源地保护区划分为Ⅰ、Ⅱ、Ⅲ级。

8.1.4 天然矿泉水水源地保护区界应设置固定警示标志。

8.2 划分要求

8.2.1 Ⅰ级保护区(安全保护区)

8.2.1.1 范围包括天然矿泉水水源地取水点,引水及取水建筑设施所在地区。

8.2.1.2 保护区边界依水文地质条件和周边环境状况划定,距取水点最少为 30～50 m 半径,对自然涌出的天然矿泉水水源以及处于水源保护性能较差的地质-水文地质条件时,边界范围可根据实际条件划定。

8.2.1.3 保护区范围内无关人员不得居住或逗留,不得兴建与天然矿泉水水源引水无关的建筑,进行任何影响水源地保护的活动,消除一切可以导致天然矿泉水水源污染的因素。

8.2.2 Ⅱ级保护区(内保护区)

8.2.2.1 范围包括一级保护区的周边地区,即地表水及潜水向矿泉水水源取水点流动的径流地区。

8.2.2.2 在天然矿泉水水源与潜水具有水力联系且流速较小的情况下,保护区边界距离一级保护区最短距离不小于 50 m;产于岩溶含水层的天然矿泉水水源,保护区边界距离一级保护区边界不小于 100 m 半径范围或适当扩大。

8.2.2.3 范围内不得设置可导致天然矿泉水水源水质、水量、水温改变的工程;禁止进行可能引起矿泉水含水层污染的人类生活及经济-工程活动。

8.2.3 Ⅲ级保护区(外保护区)

8.2.3.1 自然涌出的天然矿泉水水源,以水源免受污染为原则划定保护区,其范围宜包括水源补给地区。深层钻孔取水的天然矿泉水水源地保护区边界,距取水点不小于 500 m 半径范围或适当扩大。

8.2.3.2 在此区内只允许进行对矿泉水水源地地质环境没有危害的经济-工程活动。

8.2.4　图件编制

应有水源保护区图,标明保护区的划分界限、原有可能造成矿泉水水源污染的位置及处置措施。

8.3　动态监测

8.3.1　对天然矿泉水水源的泉(孔)进行动态监测,掌握天然矿泉水资源天然动态和开采动态变化规律。

8.3.2　监测内容包括水位(压力)、开采量(流量)、水温,监测频率应至少每月观测 2～3 次,天然矿泉水水源勘查阶段要求连续监测一个水文年以上,水质每年按丰水期、平水期和枯水期至少监测 3 次。已开采的矿泉水水源须按水源勘查阶段的各项要求连续监测,并要求每年至少进行一次水质全分析,分析项目应按 6.1 执行。

8.3.3　应及时分析和整理监测资料,编制年鉴或存入数据库。

8.3.4　动态变化范围超过常年平均波动范围 3 倍以上,则需要对矿泉水水源地进行重新评价。

9　勘查报告编写要求

(1)根据天然矿泉水资源勘查任务提交专门勘查报告。

(2)勘查报告应满足天然矿泉水资源开发部门建设设计的基本要求。

(3)勘查报告名称应为《××省(区、市)××县(市)××饮用(理疗)天然矿泉水资源勘查报告》。水源地名称应以地名命名。

(4)勘查报告以及附图、附表应按附录 B 所规定的内容编制。

附录 A
(资料性附录)
解析法简介

解析法是运用地下水解析解(井流公式)对含水层进行地下水可开采量进行评价的方法。主要有井群干扰法和开采强度法。适用于含水层均质程度较高、边界条件简单、可概化利用已有计算公式要求的条件模式。所需资料数据主要有水源地水文地质条件以及单井开采量、开采时间,计算开采方案下的水位降深数据等。水文地质条件复杂地区不适用,包括边界、空间结构、含水介质非均质性、各向异性等。

解析法的详细计算可参考《水文地质手册》有关章节。

附录 B
(规范性附录)
报告编写提纲及附图和附表要求

B.1　报告编写提纲

报告编写提纲应包括以下内容:

(1) 前言。

(2) 矿泉水水源地自然地理条件。

(3) 矿泉水水源地地质水文地质条件。

(4) 矿泉水水源动态特征。

(5) 矿泉水水源水质评价。

(6) 矿泉水水源允许开采量评价。

(7) 矿泉水水源地保护区的建立与划分。

(8) 结论。

B.2　附图、附表要求

B.2.1　主要附图

主要附图应包括以下内容:

(1) 矿泉水水源地区域地质图(比例尺 1 : 100 000～1 : 50 000)。

(2) 矿泉水水源地综合水文地质图(比例尺 1 : 25 000～1 : 5 000)。

(3) 矿泉水水源地保护条件图(图上应反映矿泉水的出露条件、各级保护区的界限和范围,以及现有污染因素等)。

(4) 矿泉水水源水温、水位、水量动态曲线图。

(5) 水文地质剖面图。

(6) 钻井剖面及生产井结构图。

B.2.2　主要附表

主要附表应包括以下内容：

（1）钻井抽水试验成果表。

（2）水质全分析成果表。

（3）微生物检验成果表。

（4）矿泉水水源水温、水位、水量动态监测数据表。

附录四　《饮用天然矿泉水》(GB 8537—2018)

1　范围

本标准适用于饮用天然矿泉水。

2　术语和定义

2.1　饮用天然矿泉水

从地下深处自然涌出的或经钻井采集的,含有一定量的矿物质、微量元素或其他成分,在一定区域未受污染并采取预防措施避免污染的水;在通常情况下,其化学成分、流量、水温等动态指标在天然周期波动范围内相对稳定。

2.1.1　含气天然矿泉水

在不改变饮用天然矿泉水水源水基本特性和主要成分含量的前提下,在加工工艺上,允许通过曝气、倾析、过滤等方法去除不稳定组分,允许回收和填充同源二氧化碳,包装后,在正常温度和压力下有可见同源二氧化碳自然释放起泡的天然矿泉水。

2.1.2　充气天然矿泉水

在不改变饮用天然矿泉水水源水基本特性和主要成分含量的前提下,在加工工艺上,允许通过曝气、倾析、过滤等方法去除不稳定组分,充入食品添加剂二氧化碳而起泡的天然矿泉水。

2.1.3 无气天然矿泉水

在不改变饮用天然矿泉水水源水基本特性和主要成分含量的前提下，在加工工艺上，允许通过曝气、倾析、过滤等方法去除不稳定组分，包装后，其游离二氧化碳含量不超过为保持溶解在水中的碳酸氢盐所必需的二氧化碳含量的天然矿泉水。

2.1.4 脱气天然矿泉水

在不改变饮用天然矿泉水水源水基本特性和主要成分含量的前提下，在加工工艺上，允许通过曝气、倾析、过滤等方法去除不稳定组分，除去水中的二氧化碳，包装后，在正常的温度和压力下无可见的二氧化碳自然释放的天然矿泉水。

3 技术要求

3.1 原料要求

水源水从地下深处自然涌出或经钻井采集。水源的卫生防护和水源水水质监测按照 GB 19304 执行，水质监测项目应符合 3.3（锰、耗氧量除外）、3.4 和 3.5 的规定。

3.2 感官要求

感官要求应符合表 1 的规定。

表 1 感官要求

项目	要求	检验方法
色度/度 ≤	10（不得呈现其他异色）	GB 8538
浑浊度/NTU≤	1	
滋味、气味	具有矿泉水特征性口味，无异味、无异嗅	
状态	允许有极少量的天然矿物盐沉淀，无正常视力可见外来异物	

3.3 理化指标

3.3.1 界限指标

界限指标应有一项（或一项以上）指标符合表 2 的规定。

表 2 界限指标

项目		要求	检验方法
锂（mg/L）	≥	0.20	
锶（mg/L）	≥	0.20（含量为 0.20～0.40 mg/L 时，水源水水温应在 25 ℃以上）	
锌（mg/L）	≥	0.20	
偏硅酸（mg/L）	≥	25.0（含量为 25.0～30.0 mg/L 时，水源水水温应在 25 ℃以上）	GB 8538
硒（mg/L）	≥	0.01	
游离二氧化碳（mg/L）	≥	250	
溶解性总固体（mg/L）	≥	1 000	

3.3.2 限量指标

限量指标应符合表 3 的规定。

表 3 限量指标

项目	指标	检验方法
硒（mg/L）	0.05	
锑（mg/L）	0.005	
铜（mg/L）	1.0	
钡（mg/L）	0.7	
总铬（mg/L）	0.05	
锰（mg/L）	0.4	
镍（mg/L）	0.02	
银（mg/L）	0.05	
溴酸盐（mg/L）	0.01	GB 8538
硼酸盐（以 B 计）（mg/L）	5	
氟化物（以 F⁻ 计）（mg/L）	1.5	
耗氧量（以 O₂ 计）（mg/L）	2.0	
挥发酚（以苯酚计）（mg/L）	0.002	

项目	指标	检验方法
氰化物（以 CN⁻ 计）(mg/L)	0.010	
矿物油(mg/L)	0.05	
阴离子合成洗涤剂(mg/L)	0.3	GB 8538
^{226}Ra 放射性(Bq/L)	1.1	
总 β 放射性(Bq/L)	1.50	

3.4 污染物限量

污染物限量应符合 GB 2762 的规定。

3.5 微生物限量

微生物限量应符合表 4 的规定。

表 4 微生物限量

项目	采样方案[a] 及限量			检验方法
	n	c	m	
大肠菌群(MPN/100 mL)[b]	5	0	0	
粪链球菌(CFU/250 mL)	5	0	0	GB 8538
铜绿假单胞菌(CFU/250 mL)	5	0	0	
产气荚膜梭菌(CFU/50 mL)	5	0	0	

a 样品的采样及处理按 GB 4789.1 执行。

b 采用滤膜法时,则大肠菌群项目的单位为 CFU/100 mL。

3.6 食品添加剂

食品添加剂的使用应符合 GB 2760 的规定。

4 其他

（1）在水源点附近进行包装,不应用容器将水源水运至异地灌装。

（2）预包装产品标签除应符合 GB 7718 的规定外,还应符合下列要求：

① 标示天然矿泉水水源点。

② 标示产品达标的界限指标、溶解性总固体以及主要阳离子（K^+、Na^+、Ca^{2+}、Mg^{2+}）的含量范围。

③ 当氟含量大于 1.0 mg/L 时，应标注"含氟"字样。

附录五　《饮用天然矿泉水检验方法》(GB 8538—2022) ——饮用天然矿泉水的采集和保存

1　范围

适用于各类饮用天然矿泉水水源——抽水井、自流井、泉等水样的采集和保存。

2　采样容器与洗涤

2.1　采样容器

磨口硬质玻璃瓶和耐高压无色聚乙烯瓶。检测微生物的水样使用无菌容器采样。

2.2　容器的洗涤

2.2.1　新启用的硬质玻璃瓶和聚乙烯塑料瓶，必须先用硝酸溶液(1+1)浸泡24 h，再分别选用不同的洗涤方法进行清洗。

2.2.2　硬质玻璃瓶先用盐酸溶液(1+1)洗涤，再用自来水冲洗。

2.2.3　聚乙烯塑料瓶可根据情况，选用盐酸或硝酸溶液(1+1)洗涤，也可用氢氧化钠溶液(10 g/L)洗涤，再用自来水冲洗。

2.2.4　用于盛装微生物检验试样的样瓶，最好采用 500 mL 具塞广口瓶。容器洗净后将瓶的头部及颈部用铝箔或牛皮纸等防潮纸包扎好，灭菌。

3 各类水源的采样方法和要求

3.1 采样方法和要求

采样前要用所取水样冲洗采样瓶及瓶塞至少3次(用于微生物检验的水样瓶除外),取样时应缓缓使水流入采样瓶中。采样时瓶口要留有1%～2%的空间。采好后立即盖好瓶塞。用纱布缠紧瓶口,最后用石蜡将口严密封固。

3.1.1 天然泉点的采样应避免在静滞的水池中采集,而应选择在尽量靠近主泉口集中冒泡处或泉的主流处,在流动但又不湍急的水中采样。

3.1.2 喷泉或自流井的采样,可在涌水处使用清洁导管将主流导出一部分收集。

3.1.3 钻孔的采样,应注意经一定时间抽水,抽出相当于井筒储水体积2～3倍的水量之后再予收集。

3.1.4 取平行水样时,必须在相同条件下同时采集,容器材料也应相同。

3.2 采样时需在野外现场测定水温、pH,观察和描述水的外观物理性质(色、臭、味、肉眼可见物等),对于碳酸矿泉水,应现场测定游离二氧化碳、碳酸氢根、碳酸根、钙、镁的含量。

3.3 微生物检验的水样采集和要求按照 GB 4789.1 执行。

4 各类分析水样的采集和保存方法

各类分析水样的采集和保存,必须符合下述有关规定。对需要加入保护剂的水样,采样时必须严格注意试剂的纯度、浓度、加入量、加入的顺序和加入方法等具体规定。试样保存的一般技术要求见表1。采样前应把所需的一切用品准备妥当。

4.1 原水样

即水样不加任何保护试剂,供测定 pH、游离二氧化碳、碳酸氢根、碳酸根、硝酸根、亚硝酸根、氯酸根、硫酸根、氟离子、溴离子、碘离子、硼酸根、铬、偏硅酸、溶解性总固体等项目。用硬质玻璃瓶或聚乙烯塑料瓶取 2 500 mL 水样(测定硼和偏硅酸的水样必须用聚乙烯塑料瓶),并尽快送检。

4.2　酸化水样

取容积为 1 000 mL 的干净硬质玻璃瓶或聚乙烯塑料瓶,用待测水样冲洗后,加入 5 mL 硝酸溶液(1+1),转动容器使酸浸润内壁,装入 1 000 mL 待测水样(若水样浑浊,必须进行过滤),摇匀(水样 pH 应小于 2),密封(瓶盖不能用胶塞,也不能用胶布缠封,以防锌等污染),供测定铜、铅、锌、镉、锰、总铁、镍、钴、铬、锂、铍、锶、钡、银、钒、钙、镁、钾、钠等项目。用容积为硬制玻璃瓶或塑料瓶取水样 100~200 mL,加硫酸溶液(1+1)酸化,使 pH<2,供测定砷。

4.3　碱化水样

4.4　测定亚铁、三价铁的水样

取水样 250 mL 于聚乙烯塑料瓶或硬质玻璃瓶中,加 2.5 mL 硫酸溶液(1+1)和 0.5 g 硫酸铵,摇匀、密封。

4.5　测定硫化物的水样

在 500 mL 硬质玻璃瓶中,加入 10 mL 乙酸锌溶液(200 g/L)和 1 mL 氢氧化钠溶液$[c(NaOH)=1 mol/L]$,然后注入水样(近满,留少许空隙),盖好瓶塞反复振摇,密封。在水样标签上要注明所加试剂的准确体积。试样保存的一般技术要求见表 1。

表 1　试样保存的一般技术要求

测定项目	容器材料[a]	体积 (mL)	处理技术	保存时间	备注
色	G、P	100	2~5 ℃冷藏	24 h	最好现场测定
滋味和气味	G	100	—	6 h	最好现场测定
浑浊度	G、P	100			现场测定
总硬度	G、P	200	冷藏 酸化至 pH<2	1~3 d 30 d	
总碱度、总酸度、 HCO_3^-、CO_3^{2-}	G、P	200	冷藏	24 h	最好现场测定
As	G、P	200	用硫酸酸化至 pH<2	7 d	
Al、Na、Ca、Mg、总 Fe、 Mn、Cu、Zn、总 Cr、Pb、 Cd、Mo、Co、Ni、Be、Ag、 Ba、K、V	P	200	用硝酸酸化至 pH<2	6 个月	特别要注意试样不要被污染及加入硝酸的纯度

测定项目	容器材料[a]	体积（mL）	处理技术	保存时间	备注
Cr	G、P	100	冷藏	尽快测定	
Fe^{3+}、Fe^{2+}	G、P	250	加硫酸、硫酸铵排除大气中的氧	7 d	最好尽快测定
Se	G	100	用氢氧化钠碱化至 pH＞11	6 个月	
Hg	G	100	加硝酸酸化至 pH＜2，并加入重铬酸钾，使其浓度为 0.5 g/L	数月	
氟化物、氯化物	P	500	冷藏	6 个月	
碘化物	G、P	100	冷藏、避免阳光直射	尽快测定	
硼酸盐	P	100	冷藏	12 个月	
氨、硝酸盐	G、P	400	用硫酸酸化至 pH＜2，2～5 ℃ 冷藏	24 h	
亚硝酸盐	G、P	100	2～5 ℃冷藏	尽快测定	
硫酸盐	G、P	100	2～5 ℃冷藏	28 d	
硫化物	G、P	500	加乙酸锌处理，氢氧化钠碱化	7 d	
磷酸盐	G、P	100	用硫酸酸化至 pH＜2	30 d	
硅酸盐	P	100	大于 100 mg/L 时用硫酸酸化至 pH＜2	20 d	
CO_2、pH	G、P	100	—	现场测定	
耗氧量	G、P	100	用硫酸酸化至 pH＜2，冷藏	7 d	
氰化物	G、P	100	加氢氧化钠碱化至 pH＞12	24 h	
酚类	G	1 000	加氢氧化钠碱化至 pH＞12	24 h	

测定项目	容器材料[a]	体积 (mL)	处理技术	保存时间	备注
阴离子合成洗涤	G	100	加三氯甲烷 2～5℃,冷藏	7 d	
总α、总β	G	3 000	—		
^{226}Ra	G、P	2 000	盐酸酸化至 pH<3		
大肠菌群、粪链球菌、铜绿假单胞菌、产气荚膜梭菌	无菌容器	＞650 mL/份	密封,冷藏	6 h	采集 5 份样品

注:水样保存技术只是一般性的指导,它应和所使用的分析方法联系起来,二者应兼顾。

[a] G 为硼硅玻璃;P 为聚乙烯塑料。

4.6　测定微生物的水样

遵循无菌采样程序从现场采集水样,对应放入 5 个无菌采样容器,作为 5 份试验样品。若同一水源存在多个泉点、涌水处或钻孔,采样点和采样次数应尽可能均匀分布,累计采集 5 份试验样品。密封、冷藏送检。采样过程中,应防止对水样的一切外来污染。

参 考 文 献

［1］ 中华人民共和国国家卫生健康委员会,国家市场监督管理总局.食品安全国家标准饮用天然矿泉水:GB 8537—2018[S].北京:中国标准出版社,2018.

［2］ 中华人民共和国国家质量监督检验检疫总局,中国国家标准化管理委员会.天然矿泉水资源地质勘查规范:GB/T 13727—2016[S].北京:中国标准出版社,2016.

［3］ 中国地质调查局.水文地质手册(第二版)[M].北京:地质出版社,2012.

［4］ 袁修锦.安徽淮北平原中部含碘矿泉水成因分析[J].地下水,1999,21(1):23-26.

［5］ 谭开鸥.矿泉水开发利用条件的多因素综合评价[J].水文地质工程地质,1988(6):31.

［6］ 宋德人.我国饮用天然矿泉水的初步研究[J].地理科学,1990,10(4):356-364.

［7］ 朱长生.矿泉水、温泉水的勘察评价与开发利用[M].北京:地质出版社,2004.

［8］ 章毅.国内外矿泉水资源开发与保护[J].江西食品工业,2005(1):55-56.

［9］ 曹丽华.长江中下游地下水环境背景形成的控制因素[J].江西地质,1993,7(3):211-222.

［10］ 沈照理,许绍倬.中国饮用天然矿泉水[M].武汉:中国地质大学出版社,1989.

［11］ 杨四春.歙县慈坑饮用天然矿泉水成因探讨[J].地下水,2009,31(1):74-77.

［12］ 张勃夫.论矿泉水的开发前景与开发战略[J].吉林地质,1989(2):24-34.

［13］ 杨建中,张昌生.山西省饮用天然矿泉水的类型划分[J].科技情报开发与经济,2012,22(1):116-118.

［14］ 高殿琪.山东饮用天然矿泉水资源开发形势和现状[J].资源与环境,1990(2):71-73.

［15］ 张从林,王毅,乔海娟,等.矿泉水资源管理体制现状分析、存在问题及政策建议[J].人民珠江,2014,35(6):161-164.